面向新工科专业建设计算机系列教材

Haskell 程序设计基础
（微课版）

乔海燕　周晓聪 / 编著

U0338723

清华大学出版社
北京

内容简介

本书用 Haskell 语言从函数式程序设计角度讲解计算机程序设计。本书前半部分介绍程序设计的基本内容，包括数据、类型、函数、递归函数、模块、测试、多态和重载等；后半部分则突出了函数程序设计的特色内容，包括高阶函数、代数类型、惰性计算和单子等。

全书内容编排由浅入深，语言表达清晰准确，每章都提供了难度适中的练习，各章内容都配备讲解视频，十分便于自学。

本书是为程序设计初学者编写，可作为高等院校各专业学习程序设计的教材，也可供从事计算机软件工作的技术人员学习函数式程序设计参考。

图书在版编目（CIP）数据

Haskell 程序设计基础：微课版/乔海燕，周晓聪编著. —北京：清华大学出版社，2022.7
面向新工科专业建设计算机系列教材
ISBN 978-7-302-60827-1

Ⅰ. ①H… Ⅱ. ①乔… ②周… Ⅲ. ①函数–程序设计–高等学校–教材 Ⅳ. ①TP311.1

中国版本图书馆 CIP 数据核字(2022)第 080056 号

责任编辑：白立军
封面设计：刘　乾
责任校对：徐俊伟
责任印制：丛怀宇

出版发行：清华大学出版社
　　　　　网　　　址：http://www.tup.com.cn，http://www.wqbook.com
　　　　　地　　　址：北京清华大学学研大厦 A 座　　　　邮　　编：100084
　　　　　社 总 机：010-83470000　　　　邮　　购：010-62786544
　　　　　投稿与读者服务：010-62776969，c-service@tup.tsinghua.edu.cn
　　　　　质 量 反 馈：010-62772015，zhiliang@tup.tsinghua.edu.cn
　　　　　课 件 下 载：http://www.tup.com.cn，010-83470236
印 装 者：三河市龙大印装有限公司
经　　销：全国新华书店
开　　本：185mm×260mm　　　　印　张：12　　　　字　　数：270 千字
版　　次：2022 年 7 月第 1 版　　　　印　　次：2022 年 7 月第 1 次印刷
定　　价：49.00 元

产品编号：088682-01

出版说明

一、系列教材背景

　　人类已经进入智能时代，云计算、大数据、物联网、人工智能、机器人、量子计算等是这个时代最重要的技术热点。为了适应和满足时代发展对人才培养的需要，2017 年 2 月以来，教育部积极推进新工科建设，先后形成了"复旦共识""天大行动""北京指南"，并发布了《教育部高等教育司关于开展新工科研究与实践的通知》《教育部办公厅关于推荐新工科研究与实践项目的通知》，全力探索形成领跑全球工程教育的中国模式、中国经验，助力高等教育强国建设。新工科有两个内涵：一是新的工科专业；二是传统工科专业的新需求。新工科建设将促进一批新专业的发展，这批新专业有的是依托于现有计算机类专业派生、扩展而成的，有的是多个专业有机整合而成的。由计算机类专业派生、扩展形成的新工科专业有计算机科学与技术、软件工程、网络工程、物联网工程、信息管理与信息系统、数据科学与大数据技术等。由计算机类学科交叉融合形成的新工科专业有网络空间安全、人工智能、机器人工程、数字媒体技术、智能科学与技术等。

　　在新工科建设的"九个一批"中，明确提出"建设一批体现产业和技术最新发展的新课程""建设一批产业急需的新兴工科专业"。新课程和新专业的持续建设，都需要以适应新工科教育的教材作为支撑。由于各个专业之间的课程相互交叉，但是又不能相互包含，所以在选题方向上，既考虑由计算机类专业派生、扩展形成的新工科专业的选题，又考虑由计算机类专业交叉融合形成的新工科专业的选题，特别是网络空间安全专业、智能科学与技术专业的选题。基于此，清华大学出版社计划出版"面向新工科专业建设计算机系列教材"。

二、教材定位

　　教材使用对象为"211 工程"高校或同等水平及以上高校计算机类

专业及相关专业学生。

三、教材编写原则

(1) 借鉴 *Computer Science Curricula* 2013 (以下简称 CS2013)。CS2013 的核心知识领域包括算法与复杂度、体系结构与组织、计算科学、离散结构、图形学与可视化、人机交互、信息保障与安全、信息管理、智能系统、网络与通信、操作系统、基于平台的开发、并行与分布式计算、程序设计语言、软件开发基础、软件工程、系统基础、社会问题与专业实践等内容。

(2) 处理好理论与技能培养的关系，注重理论与实践相结合，加强对学生思维方式的训练和计算思维的培养。计算机专业学生能力的培养特别强调理论学习、计算思维培养和实践训练。本系列教材以"重视理论，加强计算思维培养，突出案例和实践应用"为主要目标。

(3) 为便于教学，在纸质教材的基础上，融合多种形式的教学辅助材料。每本教材可以有主教材、教师用书、习题解答、试验指导等。特别是在数字资源建设方面，可以结合当前出版融合的趋势，做好立体化教材建设，可考虑加上微课、微视频、二维码、MOOC 等扩展资源。

四、教材特点

1. 满足新工科专业建设的需要

系列教材涵盖计算机科学与技术、软件工程、物联网工程、数据科学与大数据技术、网络空间安全、人工智能等专业的课程。

2. 案例体现传统工科专业的新需求

编写时，以案例驱动，任务引导，特别是有一些新应用场景的案例。

3. 循序渐进，内容全面

讲解基础知识和实用案例时，由简单到复杂，循序渐进，系统讲解。

4. 资源丰富，立体化建设

除了教学课件外，还可以提供教学大纲、教学计划、微视频等扩展资源，以方便教学。

五、优先出版

1. 精品课程配套教材

主要包括国家级或省级的精品课程和精品资源共享课的配套教材。

2. 传统优秀改版教材

对于已经出版、得到市场认可的优秀教材，由于新技术的发展，计划给图书配上新的教学形式、教学资源的改版教材。

3. 前沿技术与热点教材

反映计算机前沿和当前热点的相关教材，例如云计算、大数据、人工智能、物联网、网络空间安全等方面的教材。

六、联系方式

联系人：白立军

联系电话：010-83470179

联系和投稿邮箱：bailj@tup.tsinghua.edu.cn

"面向新工科专业建设计算机系列教材"编委会

2019 年 6 月

面向新工科专业建设计算机系列教材编委会

计算机科学与技术专业核心教材体系建设——建议使用时间

课程系列	基础系列	电类系列	程序系列	系统系列	应用系列	选修系列
一年级上	大学计算机基础					
一年级下	信息安全导论	电子技术基础	计算机程序设计	计算机原理		
	离散数学(上)					
二年级上	离散数学(下)	数字逻辑设计 数字逻辑设计实验	面向对象程序设计 程序设计实践	操作系统		
二年级下			数据结构	计算机系统综合实践		
三年级上			算法设计与分析	计算机网络		
三年级下			软件工程 编译原理	计算机体系结构	人工智能导论 数据库原理与技术 嵌入式系统	
			软件工程综合实践		计算机图形学	
四年级上						机器学习 物联网导论 大数据分析技术 数字图像技术
四年级下						

学习程序设计，必须选择一种高级程序设计语言。不同于其他介绍程序设计入门的一些书籍，本书选择了 Haskell 函数式程序设计语言从函数式程序设计角度介绍程序设计。

高级程序设计语言大致可分为命令式和声明式两种。命令式语言如 C、Java 和 Python 等，这类语言的程序用语句序列描述如何一步步完成一个计算，其特点是有副作用。例如，对于任意正整数 n，计算 $1 \sim n$ 的和 $1 + 2 + \cdots + n$，命令式语言的程序通常形如：

```
s = 0
for (int i = 1; i <= n; i++)
    s = s + i
```

这里第一行设置变量 s 的初值为 0，接下来的循环语句（后两行）不断修改变量 s 的值，最后 s 的值便是计算结果。这种程序重点描述如何计算。

Haskell 函数式语言属于声明式语言，这种语言的程序用计算逻辑表达计算，不需要描述计算次序，其特点是无副作用。对于前面的求和问题，在 Haskell 语言中可以定义数学函数 sum：

```
sum 0 = 0
sum n = n + sum (n-1)
```

在这里，计算 $1 \sim n$ 之和的 Haskell 函数式程序是表达式 sum n，sum 是一个纯数学函数，n 是数学意义上的变量，没有副作用。函数式程序重点描述计算什么。

函数式程序设计语言是建立在计算模型 λ 演算上的通用高级程序设计语言。由于它具有更高的抽象层次，更接近于人类习惯的数学思维，因此，更便于初学者理解和掌握。

Haskell 函数式程序设计语言具有下列特点。

（1）**程序简洁优美，语义清晰，容易理解**。例如，对于有一定程序设计基础的程序员，用命令式语言实现快速排序并不容易。然而，下面几行简短的 Haskell 代码用列表就表达了快速排序的计算逻辑：

```
qsort []    = []
qsort (x:xs) = qsort [y|y <- xs, y < x] ++ [x] ++
               qsort [y|y <- xs, y >= x]
```

这里 [] 表示空列表（空序列），(x:xs) 表示非空列表（非空序列），x 是第一个元素，xs 是其余元素构成的列表，[y|y <- xs, y < x] 表示 xs 中小于 x 的元素构成的列表，[y|y <- xs, y >= x] 表示 xs 中大于或等于 x 元素构成的列表，++ 表示将两个列表串接成一个列表的运算。

（2）**纯函数无副作用，程序错误更少**。命令式程序中的函数多为有副作用的"过程"。一个 Haskell 纯函数的计算结果只与函数的输入有关，与计算次序无关，由此避免了命令式程序中由副作用引起的一类错误。

（3）**静态强类型，确保类型安全**。在 Haskell 函数中，将一个输入类型为整数的函数应用于布尔类型是类型错误，这种错误在编译过程中可以检测出来，由此可以避免出现运行时错误。因此，类型正确的函数式程序不会出现运行时错误。

（4）**多态和重载支持代码重用**。 Haskell 的参数多态和重载增强了程序的可重用性。例如，qsort 可用于任何类型的列表，只要这种类型支持小于、大于和等于运算即可。

（5）**高阶函数支持更高抽象性，支持模块化**。在 Haskell 语言中，函数是"一等公民"，函数可以是其他函数的输入和输出，由此为表达更高层次的计算逻辑提供了支持，也为代码重用性和模块化提供了更大的方便。

（6）**惰性计算为无穷数据结构提供支持**。 Haskell 是一种惰性语言，这表明它只有在需要计算时才进行计算，或者只做必要的计算。这种惰性计算允许表达无穷数据结构，由此也为模块化提供了一种新途径。

（7）**支持和鼓励形式化验证**。 Haskell 函数没有副作用，因此，可以像对数学表达式那样对程序进行推理，也可以使用形式化工具验证其正确性，确保程序的正确性。

本书内容涵盖函数式程序设计入门的基本知识。第 1 章简要介绍程序设计的概念；第 2 章介绍 Haskell 函数式程序设计的基本知识，包括数据、类型、函数、递归函数、模块和测试等基本知识；第 3 章进一步介绍列表程序设计，包括如何设计一个字符图形库；第 4 章介绍程序设计的多态和重载概念，以及 Haskell 处理重载的类族机制；第 5 章介绍函数式程序设计的重要特性：高阶函数，包括常用的 map、foldr 和 filter 等；第 6 章介绍如何自定义类型以更准确地表达数据；第 7 章介绍如何设计交互程序，包括模拟计算和小游戏；第 8 章介绍 Haskell 语言的惰性计算策略以及惰性计算对模块划分的支持，特别是生产者-消费者模式；第 9 章介绍函数式语言的高级特性函子与单子，包括一个单子语法分析器和一个简单计算器的实现。

函数式程序设计语言（也简称为函数程序设计语言）①虽然不是主流程序设计语言，但是函数程序设计的概念如 λ 表达式、函数对象、map、filter 和 reduce 等高阶函数已经渗透到各种主流程序设计语言如 C++、Java 和 Python 中。因此，从函数式程序设计

---

① 本书将把"函数式程序设计"简称为"函数程序设计"，"函数式程序"简称为"函数程序"。

语言入门学习程序设计，无论对初学者还是有基础的程序员，都将开启一扇新的程序设计科学的大门。

与其他函数式程序设计书籍相比，本书具有下列特点。

（1）适合初学程序设计的读者。

（2）内容简练，由浅入深，适合自学。

（3）本书是立体式教材，与中国大学慕课"Haskell 函数程序设计基础"配套。

本书能以现在的面貌出版，得益于许多老师和学生的支持。特别感谢裘宗燕教授、宋方敏教授和罗朝晖教授三位专家在百忙之中阅读本书初稿，并提出了许多中肯的意见！限于作者的水平，本书现在的面貌恐未能达到专家期望的水平，在此作者深表歉意！本书在编写过程中得到了清华大学出版社白立军老师和杨帆老师的大力协助，在此一并表示感谢！

本书可作为大中专院校非计算机专业程序设计入门教材，也可作为其他程序设计爱好者的自学教材。

限于作者的水平，书中可能有错误和疏漏，敬请读者不吝指正。

作　者

2022 年春于中山大学东校园

CONTENTS
目录

第 1 章

计算机程序设计

计算机的主要功能是数据处理：用户给计算机一个输入数据，计算机给出相应的输出数据。例如，在图书查询系统中，输入一个书名"函数式程序设计基础"，系统输出该馆所藏这本书的有关信息。在百度网站输入一个词，如"函数式程序"，百度给出与函数式程序相关的网页。这种由输入数据到输出数据的转换是由运行在计算机上的"计算机程序"完成的。本章介绍计算机程序设计，特别是函数式程序设计的概念，并介绍如何使用 Haskell 解释器执行 Haskell 函数式程序。

教学课件

1.1 命令式程序设计

1.1.1 程序设计的概念

计算机程序设计（Computer Programming）是为完成一个特定计算任务而设计和编写计算机可执行程序的过程。也就是说，我们有一个计算任务要让计算机完成，因此需要编写一个程序，指导计算机完成这个计算任务。设计编写这个程序的过程就是计算机程序设计。

计算机
程序设计

计算机程序设计包含下面 4 项任务。

（1）分析实际问题，建立数学模型，明确计算任务。也就是要确定这是一个什么样的数学问题，输入是什么，需要的输出是什么。

（2）设计完成计算任务的**算法**（algorithm），即如何由输入得到输出。

（3）选择一种**程序设计语言**（programming language）实现算法。这种用程序设计语言书写的计算方法就是计算机**程序**（computer program），可以在计算机上执行。

（4）测试和调试，确保由源代码生成的计算机可执行程序能够给出问题的正确解。

在程序设计过程中，存在不同的**程序设计范式**（programming paradigm），主要体现在完成第（2）步以及第（3）步的方式不同。

如果第（2）步完成计算任务的算法描述为一系列指令，那么相应的

第 (3) 步就需要选择命令式程序设计语言实现,如 C/C++、Java 和 Python 等,这种程序设计方式称为命令式程序设计。如果第 (2) 步的算法描述是声明式的,那么第 (3) 步也要选择相应的声明式程序设计语言实现,如 Haskell、Erlang 和 ML 等,这种程序设计方式称为声明式程序设计。函数式程序设计是一种声明式程序设计。

1.1.2　命令式算法和伪代码

在**命令式** (imperative) 程序设计中,一个**算法** (algorithm) 通过一系列指令描述如何一步步由输入得到输出。这种描述通常是由一些指令和说明这些指令运行的先后顺序的控制结构组成的。一个算法通常先用便于人类阅读的**伪代码** (pseudocode) 书写,以便对算法的正确性和效率进行推理和评估。伪代码是介于自然语言和程序设计语言之间的一种语言,如描述在一个非空整数序列中找出最大值的算法 1.1。算法确定之后,我们选择一种命令式程序设计语言,如 C/C++,将伪代码算法转换为程序设计语言表示的源代码。这样的**计算机程序**是由一系列程序设计语言指令构成的,这些指令描述如何由输入数据得到输出数据。

常用的命令式程序设计语言有 C/C++、Java 和 Python 等。用这些语言书写的程序是一系列的指令或者**语句** (statement) 组成的,程序运行时这些语句被依次执行,因此被称为**命令式语言**。这种程序的着重点是"计算如何一步步顺序进行"。

例 1.1　设计在一个非空整数序列中找出最大值的算法。

这里输入是任意一个整数序列,输出是其中的最大值。例如,如果输入是序列 $[2, 3, 1, 5, 2]$,那么输出是 5。设计该算法也涉及计算机能完成的基本操作。假定计算机能够进行的操作是

(1) 用一个符号记录一个值。

(2) 查看序列的每个值。

(3) 比较两个值的大小。

求最大值的方法是顺序查看序列的每个元素,并总是记录查看过的元素中的最大值。假定输入整数序列为 $[a_0, a_1, a_2, \cdots, a_n]$。进一步将以上方法细化如下。

(1) 用 m 记录最大值,开始令 m 记录序列的第一个元素 a_0。

(2) 查看下一个元素 a_1,如果 $a_1 > m$,则令 m 记录 a_1。

(3) 查看下一个元素 a_2,如果 $a_2 > m$,则令 m 记录 a_2。

(4) ……

(5) 查看最后一个元素 a_n,如果 $a_n > m$,则令 m 记录 a_n。

(6) 输出最大值 m。

算法是由有限条指令构成的序列,其中的第 (4) 步需要用一种循环控制结构表达重复什么指令,重复多少次,并用伪代码表达,如算法 1.1。

算法 1.1中包括了算法名 MAX,算法名后紧接一对圆括号,圆括号内列出算法的输入参数,接下来是算法的输入和输出说明,然后是算法的主体,即算法的步骤。算法在执行完最后一个输出指令后自然结束。

算法 1.1　$\text{MAX}(L)$

输入: $L = [a_0, a_1, a_2, \cdots, a_n]$ 是一个整数序列, $n \geqslant 0$。

输出: 输出 L 的最大值。

　1: $m \leftarrow a_0$ {# m 是当前最大值}

　　{# 用 m 与每个 a_i 比较, 并用 m 记录下当前最大值}

　2: **for** $i \leftarrow 1$ **to** n **do**

　3:　　**if** $a_i > m$ **then**

　4:　　　$m \leftarrow a_i$

　5: 输出 m

本算法出现了 4 种命令（或称**语句**, statement）。

（1）赋值语句（第 1 行）$m \leftarrow a_0$：用标识符 m 记录 a_0 的值[①], 或称给变量 m 赋值 a_0。

（2）条件语句（第 3 行和第 4 行）：它由关键字 **if** 后面的条件（$a_i > m$）和 **then** 后面的分支语句（第 4 行）构成；该语句的语义为：如果 **if** 后面的条件 $a_i > m$ 成立, 则执行 **then** 后的第 4 行语句, 否则不执行该语句。

（3）循环语句（第 2~4 行）：它由循环头（第 2 行）和循环体（第 3 行和第 4 行）构成；其语义为重复执行循环体第 3 行和第 4 行 n 次；更具体地说, 给循环变量 i 依次赋值 $1, 2, \cdots, n$, 每次赋值后执行一次循环体。

（4）输出语句, 将算法的结果 m 输出。

注意算法的描述格式中使用了缩进, 以表达算法的结构。

（1）如果两个语句先后执行, 则称它们是平行语句, 这两个语句要左对齐。如第 1 行赋值语句、第 2~4 行的循环语句和第 5 行的输出语句是平行语句, 左对齐。

（2）条件语句中的分支语句要缩进, 如第 4 行要缩进。

（3）循环语句的循环体要缩进, 如循环体第 3 行和第 4 行表示的条件语句缩进。

在算法 1.1 中, 符号"{#"和"}"之间的内容不是指令, 而是对指令或者指令中使用符号的解释, 称为**注释**（comment）。

1.1.3　命令式程序

用命令式语言实现算法 1.1 时, 需要考虑输入数据整数序列的**存储方法**, 或者称为数据的**物理表示**方法。在命令式语言中, 通常用数组存储这种序列类型数据, 下面是用命令式语言 C/C++ 书写的算法 1.1。

```
int MAX(int A[], int n){
//假定数组A包含n+1个元素(n >= 0)，程序返回非空数组A中最大者
    int m = A[0];
    for (int i=1; i<=n; i++){
        if (A[i] > m)
```

---

① 在伪代码算法中, 也用 $m := a_0$ 表示给变量 m 赋值 a_0。

```
            m = A[i];
    }
    return m;
}
```

其中，双斜杠//表示 C/C++ 的**注释**，即对于算法的辅助说明。这个程序通过不断修改变量 m 的值，直至循环终止，并给出程序输出。这种不断修改程序中的变量或者说修改程序状态的行为称为程序的**副作用**（side-effect）。

1.2 函数程序设计

1.2.1 程序是函数

函数式程序（Functional Programming）采用另一种不同的程序观。一个**函数程序**[①]是一个从输入数据集合到输出数据集合的函数。函数程序描述如何由输入数据计算输出数据的计算逻辑，其着重点是"计算什么"。函数程序的运行便是对于给定的输入，计算函数应用于输入的表达式的值。

例 1.2 对于求一个非空整数序列最大值问题，先用数学表述问题的输入和输出。假设 $\mathbf{Z}$ 表示整数的集合，$\mathbf{Z}^+$ 表示非空整数序列的集合，那么问题的输入是集合 $\mathbf{Z}^+$ 的任何元素，输出是 $\mathbf{Z}$ 的元素。因此，这个问题的解对应于一个函数：$\mathbf{Z}^+ \to \mathbf{Z}$，其计算逻辑可以对输入的整数序列分情况表示。

（1）输入序列只有一个元素的最简单情况，如 $L = [a_0]$，则结果就是该元素 a_0。

（2）输入有更多元素的情况，如 $L = [a_0, a_1, a_2, \cdots, a_n]$ 表示包含 $a_0, a_1, a_2, \cdots, a_n$ 的序列，则可以先计算序列尾部更短序列 $L_1 = [a_1, a_2, \cdots, a_n]$ 的最大值 m_1，然后返回 a_0 和 m_1 的较大者。

这里计算尾部序列 $L_1 = [a_1, a_2, \cdots, a_n]$ 的最大值 m_1，可以使用同样的方法计算。因此，求最大的方法可以用递归数学函数描述：

$$\mathrm{mymax} : \mathbf{Z}^+ \to \mathbf{Z}$$
$$\mathrm{mymax}([a_0]) = a_0$$
$$\mathrm{mymax}([a_0, a_1, a_2, \cdots, a_n]) = \max(a_0, \mathrm{mymax}([a_1, a_2, \cdots, a_n]))$$

其中，$\max(x, y)$ 返回 x 和 y 的较大者。

这个函数定义中使用了该函数本身，称为**递归调用**（recursive call），这种定义中包含调用自身的函数称为**递归函数**（recursive function）。注意，在定义第二个等式递归调用中，等号右边 mymax 的输入 $[a_1, a_2, \cdots, a_n]$ 的长度小于或等于左边输入 $[a_0, a_1, a_2, \cdots, a_n]$ 的长度。因此，这种自我调用有限次后必然终止于第一个等式的情况，总能给出计算结果。

---

① 我们将把"函数式程序"简称为"函数程序"。

1.2.2　Haskell 函数程序

Haskell 是一种函数程序设计语言，使用 Haskell 实现一个算法，不需要考虑数据的物理存储结构，只需要将数学上表示的计算逻辑直接在 Haskell 中表达出来即可。

在 Haskell 语言中，Integer 表示整数集 **Z**，[Integer] 表示整数序列的集合。在 [Integer] 中，最简单的非空序列只含有一个整数 x，用 [x] 表示；其他非空序列可视为由一个整数 x 和另一个非空序列 xs 构成，用 (x:xs) 表示。也就是说，它由第一个元素是 x 和尾序列 xs 用构造符号 (:) 构造而成。序列的这种数学表示方法称为数据的**逻辑表示**。

对于 1.2.1 节计算最大值的函数 mymax，其 Haskell 实现也很直接：

```
mymax :: [Integer] -> Integer
mymax [x]     = x
mymax (x : xs) = max x (mymax xs)
```

以上程序定义了一个函数 mymax，第一行说明其输入是一个整数序列，输出是一个整数，称之为函数的类型说明。第二行和第三行两个等式构成函数体，说明如何根据输入计算其输出。定义中使用了另外一个函数 max: max x y 表示 x 和 y 中较大者。这样表示的 mymax 更像一个数学函数，其定义更直接，更易读。

再例如，计算最大公约数的欧几里得算法的 Haskell 版本：

```
gcd :: (Integer, Integer) -> Integer
gcd (x, 0) = x
gcd (x, y) = gcd (y, mod x y)
```

其中，(Integer, Integer) 表示数学上的笛卡儿集 **Z** × **Z**，mod 是预定义的模函数：mod x y 表示 x 被 y 除的余数，如 mod 3 2 为 1，mod 6 2 为 0。

值得注意的是，在 Haskell 中只需要考虑数据的逻辑表示即可，而在命令式语言中则需要考虑数据的物理表示。考虑数据的物理表示增加了程序设计的复杂性。

虽然命令式语言中的程序也习惯上称为"函数"（如 1.1.3 节的 C 函数），但命令式语言中的函数通常具有"**副作用**"，即一个函数在计算其输出时还会修改其他变量的值，函数的输出不仅依赖于输入，而且会依赖于系统的状态，从而使函数的语义更复杂。但是，函数程序语言中的函数是"**纯函数**"：函数的功能只是计算输出值，函数的输出值只依赖于输入参数的值，对于相同的输入参数，函数总是给出相同的结果，并且输入参数的值在程序运行过程中始终保持不变。这一点使得函数程序较命令式程序更便于理解，更便于推理。

1.2.3　Haskell 函数语言的特点

函数式程序设计语言源于人们期望用一种全新的语言应对计算机软件日益增加的规模和复杂性，以降低开发软件和维护软件的费用，并增强人们对于软件正确性的信心。自 1960 年以来，人们研发了多种函数式语言。正式发布于 1998 年的 Haskell 函数程序设计语言以著名数学家和逻辑学家 Haskell Curry 命名，集成了人们在函数程序设计方面的研究成果和应用经验，是众多函数式语言中有广泛影响力的语言。

Haskell 是一个通用纯函数程序设计语言。它具有如下特点。

（1）**简洁、优美，容易理解**。函数程序用数学函数和表达式表示计算逻辑，表达形式更简洁优美，语义更容易理解。例如，快速排序算法可以用下面 Haskell 函数表示：

```
qsort [] = []
qsort (x:xs) = less' ++ [x] ++ more'
        where
        less = [y | y <- xs, y < x]
        more = [y | y <- xs, y >= x]
        less' = qsort less
        more' = qsort more
```

排序函数 qsort 清晰地表达了快速排序的思想：如果输入为空列表，则结果是空列表；如果输入不空，以第一个元素 x 为标准，将尾列表 xs 的元素划分为比 x 小的子列表 less，以及大于或等于 x 的子列表 more，然后分别对 less 和 more 递归排序，结果是 less 排序后的结果 less'，后接 x，后接 more 排序后的结果 more'。

（2）**无副作用，较少的错误**。没有副作用的函数的输出结果只依赖于输入，不依赖于计算次序，由此可以避免命令式语言中可能出现的许多错误。

（3）**强类型**。每个函数只能应用于它的输入类型的数据，这种类型正确性可以在编译的时候检查，类型不正确问题不会出现在运行时。因此，避免了一类可能的错误。

（4）**代码重用**。多态增强了程序的重用性。例如，快速排序 qsort 可以用于任意支持比较运算 < 和 >= 的列表类型。

（5）**高阶函数**。高阶函数的输入和输出都可以是函数，由此使得函数的表达更简洁。

（6）**惰性计算**。惰性计算策略只做必要的计算，由此为表达无穷数据结构和函数的黏合提供了支持。

（7）**模块化**。一个程序设计语言成功的关键是它支持模块化程序设计。Haskell 函数语言的高阶函数和惰性计算提供了两种支持模块化机制。

本书将使用 Haskell 介绍函数程序设计。有关 Haskell 函数程序设计语言的参考资料参见 https://haskell.org。

1.3　Haskell 解释器和编译器

Haskell
解释器的
使用

计算机执行程序通常有两种方式：编译执行和解释执行。按照编译执行方法，一个特殊的编译器程序将源程序一次性编译成目标程序，然后由机器执行目标程序。解释执行则由一个特殊的解释器程序将高级语言语句逐个翻译成机器指令并执行，因此解释执行速度较慢。例如，C/C++ 采用编译执行方式，Python 采用解释执行方式。

Haskell 具有解释系统和编译系统，它们均可在 Haskell 网页 https://haskell.org 免费下载。

1.3.1　下载 Haskell 解释器和编译器

下载安装 Haskell Platform 后即可使用 Haskell 的编译器 ghc 和解释器 ghci。ghci 是基于编译器 ghc 的 Haskell 解释系统。用户在应用程序中找到 Haskall Platform，选择运行 GHCi，如图 1.1（a）所示。用户也可以先启动"命令行解释器"（cmd）应用（或称"命令提示符"），输入命令 ghci，解释器便进入如图 1.1（b）所示状态。其中，Prelude 是系统自动加载的预定义模块，包含了很多常用函数的定义。

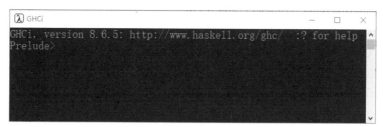

（a）在 Haskell Platform 中运行 GHCi 进入解释器

（b）在命令提示符下运行 ghci 进入解释器

图 1.1　启动解释器 GHCi

解释器就像一个计算器，用户可以输入一个表达式，然后**计算**表达式的值，或者说对表达式**求值**。例如[1]，用户在提示符 Prelude> 后面输入一个表达式，然后按 Enter 键，解释器便计算并显示表达式的值[2]。

```
Prelude> not True
False
Prelude> length [1,2,4,5]
4
Prelude> max 12 4
12
Prelude> sin (pi/2)
1.0
Prelude> logBase 2 8
3.0
Prelude> sqrt 13
3.605551275463989
```

这里 not、length、max、sin、logBase 和 sqrt（求平方根）都是在 Prelude 中预定义的函数。

---

[1] 本书用带阴影的框表示用户在解释器中的交互操作。

[2] 在不致引起混淆的情况下，将混用"计算"和"求值"两个术语。

在解释器中可以用一个**标识符**（identifier）[①]命名一个表达式：

```
Prelude> x0 = 1
Prelude> x1 = x0 + 2/x0
Prelude> x1
3.0
```

这里用 x0 表示 1，x1 表示表达式 x0+2/x0，此时解释器并不显示 x1 的值；接下来在解释器中输入 x1 时，解释器会计算 x1 的值并显示计算结果 3.0。

注意，较早的解释器版本只能输入表达式。如果希望用一个标识符表示一个表达式的值，可以使用 let 表达式。例如，

```
Prelude> let x0 = 1
Prelude> let x1 = x0 + 2/x0
Prelude> x1
3.0
```

用户也可以在解释器中加载自己定义的模块，运行自己编写的程序。

1.3.2 运行 Haskell 程序

运行 Haskell 程序就是将函数应用于特定的输入值，并在解释器下计算对应的输出值。

以下是两种调用自己编写程序的方法。

1. 双击脚本运行程序

（1）打开一个文本编辑器，如记事本，在编辑器中完成程序编写，例如，

```
gcd :: (Integer, Integer) -> Integer
gcd (x, 0) = x
gcd (x, y) = gcd (y, mod x y)
```

注意，这里使用了 Haskell 函数 mod: mod x y 表示 x 被 y 除的余数。注意文件中所有行左对齐！

（2）将文件存盘，如命名为取名 Mygcd.hs。这种程序文件也称为**脚本**（script）。注意，各种程序语言的代码文件都有规定的扩展名。Haskell 程序文件的扩展名为 hs。

（3）在文件夹中找到该文件，文件的图标是希腊字母 λ 字样，双击文件后 ghci 解释器将启动，并将该脚本加载到解释器中：

```
*Main>
```

（4）用户可以计算模块 Mygcd.hs 中定义的表达式值。例如[②]，

[①] 一个由字母数字构成的符合语法规定的符号串。通常规定由字母或者下画线开始的字母数字字符序列（不含空格）构成。

[②] 读者看到的提示符 *Main> 表示当前加载的模块名，可以先不理会。

```
*Main> gcd (12,20)
4
```

（5）如果对程序文件做了修改（如解释器提示错误，然后对文件进行修改），存盘后，在解释器中需要重新加载该文件：

```
*Main> :reload
*Main> gcd (12, 5)
1
```

2. 在命令行解释器中运行程序

（1）在应用程序中打开命令行解释器，或者运行命令 cmd，如使用 Windows+R 组合键（同时按下 Windows 键和 R 键）。

（2）在系统弹出的命令行解释器中编辑程序脚本，如使用"记事本"文本编辑器 notepad[①]：

```
E:\FP> notepad Mygcd.hs
```

（3）在编辑器中输入先前定义的函数 gcd，然后存盘。注意左对齐！

（4）在命令行解释器中输入命令 ghci，打开解释器：

```
E:\FP> ghci
```

（5）在 ghci 解释器中加载该文件（确保程序脚本存储在运行命令 ghci 的目录，如这里的 E:\FP）：

```
Prelude>:load Mygcd.hs
*Main>
```

（6）用户可以计算模块 Mygcd.hs 中定义的表达式值。例如，

```
*Main>gcd (12,20)
4
```

（7）如果对程序文件做了修改（如 load 文件出错后修改），则需要存盘，然后在解释器中重新加载该文件：

```
*Main> :reload
*Main>gcd (12, 5)
1
```

---

① 注意，提示符中含盘符的（如 E:\FP>）表示命令行解释器 cmd，不带盘符的（如 *Main>）表示 Haskell 解释器 ghci。

1.3.3   解释器常用命令

表 1.1 列出 ghci 的主要命令。注意,解释器 ghci 命令以冒号 ":" 开始。所有的 ":" 命令可以简化为第一个字母,如:l parrot 等同于 :load parrot。

表 1.1   ghci 解释器常用命令

命令	解释
:load parrot	加载程序 parrot.hs。其中,扩展名 hs 可以省略
:reload	重复执行前一个加载命令
:edit first.hs	使用缺省编辑器编辑文件 first.hs。注意,这里的扩展名 hs 不可省略
:type exp	计算表达式 exp 的类型。例如, :type size +2 的结果是 Int
:infor name	显示有关名为 name 的信息
:quit	退出系统
:?	列出 ghci 的命令
:help	同上一个命令:?
:!com	转去执行 UNIX 或者 DOS 命令 com

使用 Haskell 的编译器 ghc 编译一个 Main 模块(其中定义了函数 main :: IO ())后即可生成一个可执行文件。例如,将下列脚本命名为 Main.hs:

```
module Main where

main :: IO ()
main = putStrLn "Haskell is a pure functional language"
```

其中,putStrLn 是一个在屏幕打印一个字符串的命令。

在命令行解释器中运行编译器 ghc:

```
E:\FP>ghc Main.hs
```

结果生成可执行文件 Main.exe,可在命令行运行命令,结果打印该字符串:

```
E:\FP>Main.exe
Haskell is a pure functional language
```

1.4   习题

1. 下载安装 Haskell 解释器,并熟悉解释器的用法。在解释器下进行如下计算。

(1) 计算 $\sqrt{e}$。提示: exp 1 给出 e 的值。

(2) 判断 101、202、303、404 和 505 中,哪些是 2020 的因子。提示: 请使用 mod 运算。

(3) 求半径为 5 的圆面积。

（4）求三个边分别是 3、5 和 6 的三角形面积。提示：用海伦-秦九韶公式 $s = \sqrt{p(p-a)(p-b)(p-c)}$，其中 $p = \dfrac{a+b+c}{2}$，a、b、c 表示三条边长。

（5）从初值 $x_0 = 1$ 开始，使用迭代公式 $x_n = \left(x_{n-1} + \dfrac{3}{x_{n-1}}\right)/2$ 迭代多次，计算 3 的平方根。

（6）$F(n) = \dfrac{1}{\sqrt{5}}\left(\dfrac{1+\sqrt{5}}{2}\right)^n - \dfrac{1}{\sqrt{5}}\left(\dfrac{1-\sqrt{5}}{2}\right)^n$，给出计算第 n 个斐波那契数的公式。请计算 $n = 0, 1, 2, 3, 4$ 等的值。注意，由于精度原因，计算结果可能带有小数，实际上这些结果都是整数。

2. 在解释器下计算下列一元二次方程的根：

（1）$x^2 + 2x - 3 = 0$

（2）$x^2 + 3x - 1 = 0$

3. 根据 1.3.2 节的步骤，编辑一个脚本，双击该脚本启动 ghci 解释器（此时脚本已经加载到解释器），然后使用脚本中定义的函数进行计算。

4. 根据 1.3.2 节的步骤，编辑一个脚本，并在命令解释器 cmd 下运行 ghci，然后在解释器中加载（:load）该脚本，使用脚本中定义的函数进行计算。需要确保你编辑的脚本存储在当前目录。

5. 将 Haskell 主页 primes 表达式写入一个脚本，并在解释器中计算 21 世纪有多少个素数年。提示：使用 primes !! i 可计算 primes 中第 i 个素数（i=0, 1, ...），或者 take i primes 取得 primes 中前 i 个素数。

函数程序设计基础

一个函数程序是从输入数据集合到输出数据集合的函数。设计一个函数程序首先要确定输入数据和输出数据，然后进一步定义将输入数据转换为输出数据的函数。本章首先介绍数学函数的概念，然后介绍数据类型的概念。程序设计语言的数据类型提供数据集的表示以及数据集上的基本运算。因此，数据类型是学习程序设计的基础，在此基础上进一步介绍函数的定义，包括函数程序设计中常用的递归函数定义。模块是组织软件系统的重要机制，本章将简要介绍模块的概念，然后介绍如何使用一个随机测试模块 QuickCheck 进行软件测试。

2.1 程序与函数

一个程序可以视为一个黑盒子，如图 2.1 所示，它有一些输入和一个输出。

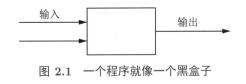

图 2.1 一个程序就像一个黑盒子

例如，数的加法运算（+）便是一个简单的程序，它对任意输入参数 x 和 y，输出结果 $x + y$，如图 2.2 所示。

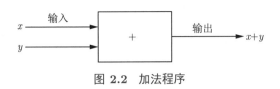

图 2.2 加法程序

在数学上，一个程序就是一个集合（输入数据）到另一个集合（输出数据）的函数。

2.1.1　数学函数

一般地，如果 A 和 B 是两个非空集合，如果对 A 中的每个元素 x 在 B 中都有唯一的一个元素 y 与其对应，就把这种对应称为 A 到 B 的一个**函数**（function），用 f 表示这种对应，则用下面这种形式表示：

$$f : A \to B$$
$$f(x) = y$$

第一行说明函数的类型，这里 A 和 B 分别称为定义域和值域。接下来的等式称为函数的定义，说明 A 中的元素 x 在 f 下对应 B 中的元素 y，或者说将 f **应用于** x 的结果是 y。

函数的概念

例 2.1　令 **Z** 表示整数集合，可以如下定义 **Z** 到 **Z** 的函数：

$$f : \mathbf{Z} \to \mathbf{Z}$$
$$f(x) = \begin{cases} -2x - 1 & \text{如果 } x < 0 \\ 2x & \text{如果 x} \geqslant 0 \end{cases}$$

函数 f 令负整数对应于正奇数，非负整数对应于非负偶数。例如，$f(-1) = 1, f(-2) = 3, f(1) = 2, f(2) = 4$。

例 2.2　用 **R** 表示实数集合，$\mathbf{R} \times \mathbf{R}$ 表示所有实数对的集合，那么可以定义函数 g：

$$g : \mathbf{R} \times \mathbf{R} \to \mathbf{R}$$
$$g(x, y) = \sqrt{x^2 + y^2}$$

可以将函数 g 解释为求平面上一点 (x, y) 到原点的距离，即给函数 g 输入平面上一点的坐标，函数 g 返回该点到原点 $(0,0)$ 的距离。例如，$g(1,1) = 1.414, g(3,4) = 5$。

在设计计算机程序解决一个实际问题时，首先需要建立问题的数学模型，即确定输入集合和输出集合，并进一步定义相应的函数。

例 2.3　设计一个求一元二次方程 $ax^2 + bx + c = 0$ 根的程序。

这个程序的输入自然抽象为方程的三个系数，用三元组 (a, b, c) 表示。对任意一组实系数 (a, b, c)，如果判别式 $b^2 - 4ac \geqslant 0$，那么该程序都应该给出两个根 $x_1 = \dfrac{-b + \sqrt{b^2 - 4ac}}{2a}$ 和 $x_2 = \dfrac{-b - \sqrt{b^2 - 4ac}}{2a}$。因此，这个程序是所有实系数三元组 (a, b, c) 到一对实根 (x_1, x_2) 的一个函数。用 $\mathbf{R} \times \mathbf{R} \times \mathbf{R}$ 表示所有实数三元组的集合，那么该程序在数学上是 $\mathbf{R} \times \mathbf{R} \times \mathbf{R}$ 到 $\mathbf{R} \times \mathbf{R}$ 的函数。将函数称为 roots，可以定义为

$$\text{roots} : \mathbf{R} \times \mathbf{R} \times \mathbf{R} \to \mathbf{R} \times \mathbf{R}$$
$$\text{roots}(a, b, c) = \left(\frac{-b - \sqrt{b^2 - 4ac}}{2a}, \frac{-b + \sqrt{b^2 - 4ac}}{2a} \right)$$

其中，$b^2 - 4ac \geqslant 0$。

严格地说，函数 roots 并不是对任意实数三元组都有定义，而是只对部分三元组有定义，这种函数也称为**偏函数** (partial function)。如果一个函数对于定义域的任意元素都有定义，则称之为**全函数** (total function)。例如，例 2.1的函数 f 和例 2.2的函数 g 都是全函数。

2.1.2   Haskell 函数

Haskell
函数

将数学函数用 Haskell 函数程序设计语言表达出来，就是 Haskell 函数，或者 Haskell 程序。

在 Haskell 程序设计语言中，整数集 **Z** 用 Integer 表示。因此，前面例 2.1的函数 f 可以转化为 Haskell 函数：

```
f :: Integer -> Integer
f x
  | x < 0  = -2*x -1
  | x >=0  = 2*x
```

在 Haskell 中，函数的类型声明中使用了双冒号（中间无空格），箭头-> 使用了减号和大于号（中间无空格）。在接下来的定义中，数学上的 $f(x)$ 简写成f x，使用了空格表示将 f 应用于 x，省略了圆括号。另外，程序设计语言通常用 ∗ 表示乘法。

函数定义中使用了 Haskell 提供的分情况语法，在**守卫** (guard) 符 "|" 后接一种条件，等号右边表示这种条件成立情况下的函数值。所有守卫符要缩进左对齐。

Haskell 用 Float 表示实数集 **R**，用 (Float, Float) 表示笛卡儿集 **R** × **R**，因此，例 2.2的函数 g 在 Haskell 中表示为

```
g :: (Float, Float) -> Float
g (x, y) = sqrt (x^2 + y^2)
```

这里 sqrt() 是 Haskell 提供的求平方根函数，x^2 表示 x^2。

对于例 2.3求一元二次方程根的函数，同样可以直接写成

```
roots :: (Float, Float, Float) -> (Float, Float)
roots (a, b, c)
  | d >= 0  = ((-b + e)/(2*a), (-b - e)/(2*a))
  | otherwise = error   " 不存在根 "
  where
  d = b^2 - 4*a*c
  e = sqrt d
```

以上定义中第二个守卫符后面使用了 otherwise，表示其他情况。定义中还使用了 where 局部定义，以避免在两个根表达式中重复书写较复杂的判别式。对于判别式小于零的情况，使用了 Haskell 的 error() 函数，返回错误信息 "不存在根"。

在 Haskell 函数程序设计中，我们将把函数和程序等同起来。例如，将 g (3,4) 称为 g 应用于输入 (3,4)，结果 $\sqrt{3^2 + 4^2} = 5$ 也称为程序的输出。

在函数程序设计中，执行一个程序就是将函数应用一个输入，如 g (3, 4)，并计算该表达式的值。我们可以在解释器中加载函数 g 的定义，然后在解释器中输入 g (3,4)，按 Enter 键，解释器便会计算表达式的值。

2.2　数据和类型

数据和类型

设计函数程序的关键是确定函数的输入数据类型和输出数据类型。每一种程序设计语言都提供了一些表达各种数据的数据类型，每个数据类型都有类型名（相当于数学上对应的集合名），并提供这类数据的表示方法，以及这类数据的基本运算。熟悉这些数据类型是学习设计程序的基础。

2.2.1　数据类型

数据 (data) 是信息的符号表示，例如，某人的信息可能包括：姓名为 Bob Gates，现年 22 岁，性别为 M, 身高 170cm，体重 50.5kg 等。在这里，不同的信息使用了不同"类型"的数据。姓名使用文字，在程序设计语言中，为了将文字区别于程序中的**标识符**（identifier）①，将文字用引号包围起来，如"Bob Gates"，称之为**字符串**（string）；性别使用了字母，同样为了区别于其他标识符，在程序设计语言中使用单引号括起来，表示为'M'，称为字符；年龄和身高使用了整数，体重使用了带小数点的实数等。

每一种计算机程序设计语言都提供了表达以上基本信息的类型。例如，在多数命令式程序设计语言中，整数类型用 int 表示，浮点数类型用 float 表示，字符类型用 char 表示，字符串类型用 string 表示等。整数类型 int 包含了 1、23、45 和 −100 等整数，浮点数类型 float 包含了 3.145、12.0 和 −12.34 等小数，字符类型 char 包含了'a'、'A'、'F'和'M' 等用单引号括起来的字符值，字符串包含了"Hello" 和"Hi there!" 等用双引号括起来的字符串。

一个**类型** (type) 可以理解为一些"同类型"值的集合，或者说这些值均支持某些运算。读者可以把类型 int 理解为整数的集合，它包含了 $0,1,-1,2,-2$ 等整数，而且这些整数类型的值可以进行加、减、乘和除等运算。对于字符串，相应的操作包括求字符串的长度，取得字符串的子串，也可以将两个串连接成一个新的字符串等。因此，**一个类型是一些值的集合以及这些值可以进行的运算的总称**。

下面介绍 Haskell 提供的整数、浮点数、布尔、字符和字符串等基本类型。对于每个类型，应该理解这个类型包含哪些值，这些值可以做哪些运算。

2.2.2　数值类型

数值类型一般包括表示整数的类型和表示实数的类型。

整数类型

Haskell 语言提供了两种整数类型 Int 和 Integer，用于表示整型量。整数类型的数据用我们熟悉的整数表示，例如，1、123 和 100 等。整数类型上定义了加和减（+、-）、

---

① 程序中命名类型、程序和变量等的字符序列，以及程序中具有特定含义的保留字，统称为标识符，如 2.1.2 节中的 roots、Float、a、b 和 c 等，保留字 where、if、then 和 else 等。

乘法（*）、幂运算（^）、整数除法（div）和取模（mod）等运算。可以用整数及其运算构造整数类型的表达式。例如，

```
Prelude> 4 * 3
12
Prelude> div 4 3
1
Prelude> div 6 2
3
Prelude> 2 ^ 3
8
Prelude> mod 34 12
10
```

注意，* 是**中缀运算符**（infix），因此，在表达式中被置于两个运算数中间，这种表达式称为**中缀表达式**。div 是二元函数，因此，将参与整除的两个整数依次放在 div 后面。Haskell 允许将一个二元函数（如 div）像中缀运算符一样置于参与运算的两个数中间，此时需要用反引号（位于键盘左上角）将 div 围起来。

```
Prelude> 4 `div` 3
1
Prelude> 34 `mod` 12
10
```

Haskell 也允许将中缀运算符置于两个运算数之前，形成**前缀表达式**，此时需要用圆括号将其括起来。

```
Prelude> (*) 4 3
12
Prelude> (^) 2 3
8
```

Int 和 Integer 两种类型的区别在于，Int 包含了 $-2^{63} \sim 2^{63}-1$ 的整数，而 Integer 类型包含任意大的整数。

可以用 minBound 和 maxBound 查看 Int 的最小值和最大值：

```
Prelude> minBound::Int
-9223372036854775808
Prelude> maxBound::Int
9223372036854775807
```

表示可能带小数的实数的类型称为**浮点数类型**（floating）。Haskell 提供两种浮点数类型：单精度浮点数类型 Float 和双精度浮点数类型 Double，可以理解为它们表示的精度不同。例如，单精度的 $\pi = 3.1415927$，而用双精度表示 $\pi = 3.141592653589793$。

浮点数类型的数据用熟悉的实数表示，如 1.23 和 3.14159 等。浮点数上定义了加、减、乘、除（+、-、*、/）和幂（**）等运算。例如，

```
Prelude> 4.0 / 3
1.3333333333333333
Prelude> 2.0 ** 0.5
1.4142135623730951
```

数值类型上定义了常用的数学函数，包括常数 pi（π），以 e 为底的指数函数 exp，自然对数 log，对数函数 logBase，三角函数 sin、cos、tan 等。例如，

```
Prelude> exp 1
2.718281828459045
Prelude> log (exp 1)
1.0
Prelude> logBase 10 2
0.30102999566398114
Prelude> sin (pi/4)
0.7071067811865475
```

任意两个同类型数值可以进行比较运算，包括相等比较（==）、不相等（/=）、大于（>）、小于（<,）、大于或等于（>=）和小于或等于（<=）比较运算。这种比较的结果是 Bool 型值 True 或者 False。例如，

```
Prelude> 1 == 2
False
Prelude> 1 /= 2
True
Prelude> 1 >= -2
True
Prelude> 2 <= 3
True
Prelude> 2 > 3
False
```

2.2.3　布尔类型

布尔类型 Bool 用于表达一个条件是否为真。Bool 类型包含了表示真假的两个值：True 和 False。Bool 类型上定义了表示两个条件同时为真的"并且"（&&），表示两个条件中至少有一个为真的"或者"（||），以及表示一个条件的否定（not）等运算。例如，

布尔类型

```
Prelude> not False
True
Prelude> False && True
False
Prelude> False || True
True
```

这些运算经常用于表示多个条件的组合。表达式not a 为 True，当且仅当 a 为 False，因此可用于表示条件 a 不成立；表达式a && b 为 True，当且仅当 a 和 b 均为

True，因此可用于表示两个条件 a 和 b 均成立；表达式a || b 为 True，当且仅当 a 和 b 至少有一个为 True，因此可用于表示两个条件 a 和 b 中至少有一个成立。例如，

```
Prelude> 3 > 2
True
Prelude> 2 < 3
False
Prelude> not (2 > 3)
True
Prelude> 2 >= 1
True
Prelude> (3 > 2) && (2 >= 1)
True
Prelude> (3 > 2) || (2 > 3)
True
Prelude> (3 > 2) && (2 > 3)
False
Prelude> (1 > 1) || (2 > 3)
False
```

另外，相等比较 "==" 和不相等比较 "/=" 的结果都是布尔值。

True 和 False 也称为 Bool 类型的**构造函数**（constructor）。一般来说，一个类型的构造函数给出构造这个类型值的方法。可以认为 True 和 False 是 0 元函数，即不需要输入参数的函数。

2.2.4 查看表达式的类型

函数程序设计语言 Haskell 是一种强类型语言，每个合法表达式都有一个类型。如果一个元素 e 具有某个类型 t，则记作 e :: t，称为**类型说明**或者**类型声明**，读作 "e 具有类型 t"，或者 "e 的类型是 t"。在解释器中可以用命令 :t e 查看表达式 e 的类型。例如，

```
Prelude> :t True
True :: Bool
Prelude> :t (3 > 2)
(3 > 2) :: Bool
Prelude> :t 3
3 :: Num a => a
```

这里类型 Num a => a 可以理解为 3 具有 Int、Integer、Float 和 Double 多种类型。这种同一个符号具有多种类型的现象在 Haskell 中十分常见，称之为**重载**（overloading），3 是一个重载的符号。再例如，不同数值类型上的加法都使用了符号 "+"，查看 (+) 的类型：

```
Prelude> :t (+)
(+) :: Num a => a -> a -> a
```

这种用同一个符号表示多种类型的相似运算的现象在程序设计中也十分常见，因此，称 "+" 是重载的运算符。

2.2.5　字符和字符串

字符类型用 Char 表示，其值是用单引号括起来的单个字符，例如，'A'、'2'、'@' 和 '，'（一个空格）等。注意，空格也是字符，单引号使用英文（半角）符号。另外有些字符有特殊的表示，如换行符 '\n'，制表符 '\t' 等。

字符串类型用 String 表示，其值包含（半角）双引号括起来的任何字符序列。例如，"Bob Gates"、"Hello there!" 等。

字符串类型上定义了求长度函数 length，将两个字符串**串接**（concat）成一个字符串的运算 "++"，取得字符串前缀运算 take 和取得第 i 个字符的索引运算 !!。例如，

字符串
类型

```
Prelude> length("Hi there!")
9
Prelude> "Hi" ++ "Bod"
"HiBod"
Prelude> take 3 "Gao Xing"
"Gao"
Prelude> "Gao Xing" !! 0
'G'
Prelude> "Gao Xing" !! 1
'a'
Prelude> "Gao Xing" !! 7
'g'
Prelude> "Gao Xing" !! 8
*** Exception: Prelude.!!: index too large
```

注意：取得字符串第 i 个字符的表达式 "Gao Xing" !! i 中，索引 i 的合法取值是自然数 $0 \sim$ length("Gao Xing")-1（即 7），否则，解释器报告"索引越界"错误。

注 1　字符数据 'a' 和字符串 "a" 是两种不同类型的数据，前者的类型为 Char，后者的类型为 String。再例如，2、'2' 以及 "2" 属于三种不同类型的数据：2 是一个数值，可以和其他数做算术运算；'2' 是一个字符，类型为 Char；而 "2" 的类型是 String。

注 2　符号 a 和数据 'a' 或 "a" 的区别是，符号 a 在函数定义中可用作一个变量标识符，可以代表某个类型的数据，也可用于表示一个类型变量；而 'a' 表示一个确定的字符值，其类型为 Char；"a" 也表示一个确定的字符串，其类型为 String。

2.2.6　列表类型

列表类型

前面所介绍的基本类型不足以表达更复杂的数据。例如，一个班级某门课的成绩是一个整数序列，而不是一个整数；一个班级的学生是学生数据的序列，而不是一个学生数据。为此，需要引入相应的类型表达多个同类型数据构成的序列。

多个整数构造的序列称为**列表**（list），如 [80,90,100,98] 表示 4 个整数构成的列表，这种数据的类型记作 [Int]，称为**整数列表类型**。这种类型的元素是任意多个整数构造的序列，用方括号包围，两个整数之间用逗号分隔。列表中包含的整数个数称为列表的长度。

不包含任何整数的列表称为**空列表**，记作 [] （一对方括号）。非空列表的第一个元素称为**首元素**，剩余元素构成的列表称为**尾部**。Haskell 提供了求列表长度的函数 length，求列表首元素的函数 head，以及求列表尾部的函数 tail。例如，

```
Prelude> length [80,90,100,98]
4
Prelude> head [80,90,100,98]
80
Prelude> tail [80,90,100,98]
[90,100,98]
```

两个整数列表可以用二元运算 (++) 连接，结果是包含两个列表所有元素的列表。例如，

```
Prelude> [1,2,3] ++ [3,2,1]
[1,2,3,3,2,1]
```

一些有规律的整数列表可以用更简洁的形式表示，例如，

```
Prelude> [1..10]
[1,2,3,4,5,6,7,8,9,10]
Prelude> [2,4..10]
[2,4,6,8,10]
Prelude> [2,4..20]
[2,4,6,8,10,12,14,16,18,20]
Prelude> [1,3..20]
[1,3,5,7,9,11,13,15,17,19]
Prelude> [1..]
[1,2,3,4,5,6,7,8,9,10,11,12,13,14,15,16,17,...
```

其中，最后一个列表包含了所有正整数，是一个无穷列表，需要用 Ctrl+C 组合键中断解释器计算过程。

类似地，我们可以构造许多浮点数构成的数据，如 [1.2, 3.4, 4.5]，其类型为 [Float]。或者表示许多布尔值构成的列表，如 [True, False]，其类型为 [Bool]。

一般地，假设 a 是一个类型，则 [a] 是一个类型，称为**列表类型**。[a] 的元素包括由 a 的元素构成的（有穷的和无穷的）线性序列。一个列表用方括号包围的元素序列表示，元素间用逗号"，"分隔。

以上的函数 length、head、tail 和运算 (++) 可应用于任何类型的列表。例如，

```
Prelude>  head [True,False,False]
True
Prelude> tail  [True,False,False]
[False,False]
Prelude> length  [True,False,False]
3
Prelude> [True,False,False] ++ [True,False,False]
[True,False,False,True,False,False]
```

需要注意的是，(++) 必须应用于两个同类型的列表。

注 3　类型为 [a] 的一个列表或者空，表示为 []；或者不空，由列表首和列表尾构成，表示为 x:xs，其中x 是类型a 的元素，称为 x:xs 的**首 (head)**，xs 是类型[a] 的元素，称为 x:xs 的**尾 (tail)**。空列表 [] 和二元运算 (:) 称为列表的**构造函数**，因为任何列表都可以使用这两个构造函数有限次得到。例如，列表 [1,2] 可以表示为 1:[2]，或者 1:(2:[])。事实上，列表 [1,2] 是 1:(2:[]) 的一种简化记法。

注 4　类型 [Char] 又命名为 String, 即 String 是类型 [Char] 的别名。例如，"Bob Gates" 可以看作一个字符列表：['B', 'o', 'b', ' ', 'G', 'a', 't', 'e', 's']，其类型是 [Char]。String 类型的数据可以用双括号包围的串表示，不必写成列表的格式。例如，"Bob Gates" 就是一个合法的类型为 String 的数据。

2.2.7　多元组类型

多元组
类型

有时我们需要表达一个对象多方面的特性。例如，平面上一个点可以用一对实数坐标表示，例如 (1.2, 3.4)，称之为**二元组**（pair），1.2 和 3.4 分别称为二元组的第一个分量和第二个分量。这种二元组的类型是各个分量类型构成的新类型，记作 (Float, Float)，称为**二元组类型**。二元组类型 (Float, Float) 包含了所有形如 (x,y) 的值，其中 x 和 y 是任意浮点数。

再例如，表示一个人的姓名和年龄，也可以用二元组表示，其中第一个分量表示姓名，第二个分量表示年龄。在程序设计语言中，姓名通常用字符串表示，年龄自然用整数表示。例如，用二元组 ("Gao Xing", 23) 表示一个人，它的第一个分量是姓名"Gao Xing"，第二个分量 23 表示年龄。二元组 ("Gao Xing", 23) 的类型为各分量类型构成的二元组类型 (String, Int)。同样，二元组类型 (String, Int) 的所有值都是形如 (x, y) 的二元组，其中，x 是类型为 String 的任意字符串，y 是类型为 Int 的整数。

一般地，对于任意类型 a 和 b，(a,b) 构成一个二元组类型。例如，(Bool, Bool)、(String, Bool) 和 (String, String) 等都是二元组类型。二元组类型 (a,b) 的值均为形如 (x,y) 的二元组，其中 x 具有类型 a，y 具有类型 b。因此，逗号 "(,)" 是二元组类型的**构造函数**，因为二元组类型 (a, b) 的所有值都是由该函数应用于类型 a 的值和类型 b 的值得到的。例如，

```
Prelude> (,) 1.2 3.4
(1.2,3.4)
Prelude> (,) "Gao xing" 23
("Gao xing",23)
```

二元组类型上常用的函数包括分别取得二元组第一个分量和第二个分量的函数 fst 和 snd。例如，

```
Prelude> fst ("Gao xing",23)
"Gao xing"
Prelude> snd ("Gao xing",23)
23
```

还可以用三元组表示一个对象三方面的信息，如 ("Gao Xing", 'M', 23) 表示一个人，它的第一个分量"Gao Xing" 表示人名，第二个分量'M' 表示男性，第三个分量 23 表示年龄。这种三元组数据的类型也是由各分量数据类型构成的 (String, Char, Int)，称之为**三元组类型**。

同样，逗号 "(,,)" 是三元组类型的**构造函数**，因为三元组类型 (a, b, c) 的所有值都是由该函数应用于类型 a、b 和 c 的值得到的。例如，

```
Prelude> (,,) 1.2 3.4 4.5
(1.2,3.4,4.5)
Prelude> (,,) "Gao xing" 23 'M'
("Gao xing",23,'M')
```

一般地，如果 $a_1, a_2, \cdots, a_n$ 是任意类型，那么 $(a_1, a_2, \cdots, a_n)$ 是一个 n **元组类型**，它包含了所有形如 $(x_1, x_2, \cdots, x_n)$ 的数据，其中 x_i 的类型是 a_i。例如，下面列出一些多元组及其类型：

```
(1, 3) :: (Int, Int)
(2, True) :: (Int, Bool)
(1,2,3) :: (Int, Int, Int)
(True, 2, True) :: (Bool, Int, Bool)
("Wang Gang", 23, 'M', True) :: (String, Int, Char, Bool)
```

在解释器下可以用命令:type e 查看表达式 e 的类型。例如，

```
Prelude> :type ("Wang Gang", 23, 'M', True)
("Wang Gang", 23, 'M', True) :: ([Char], Int, Char, Bool)
```

列表和
多元组

2.2.8　多元组类型和列表类型的对比

当需要表达一个事物的多个特性时，应该考虑用多元组数据，相应的类型是多元组类型。多元组类型的特点如下。

（1）多元组的各分量类型可以是同一个类型，也可以是不同的类型。例如，(String, Int) 和 (String, String) 都是二元组类型。

（2）一个二元组类型的数据都是二元组，三元组类型的数据都是三元组。例如，具有 (String, Int) 类型的数据都具有 (x, y) 的形式，其中 x 是一个字符串，y 是一个整数值。

当需要表达的数据是由多个同类型的数据构成时，考虑使用列表和列表类型。

一个列表类型的特点如下。

（1）一个列表中所有元素都具有相同的类型。

（2）一个列表中的数据个数不限，可以为 0，可以是有限个，也可以是无穷多个。

如果需要表达一个学生的数据，其中包括姓名、性别和年龄，则选择三元组类型，如 (String, Char, Int)。如果要表达一个班级的所有学生，则选择列表类型 [(String, Char, Int)]。

2.2.9　函数类型

如果 a、b 是两个类型，则 a -> b 也是一个类型，它表示从 a 到 b 的函数的集合，称之为**函数类型** (function type)。例如，Int -> Int, Bool -> Bool, Int -> (Int -> Int) 等。右箭头-> 是一个**类型运算**，因为对于任意两个类型 a 和 b，a -> b 给出一个新的类型。这个运算是右结合的，故函数类型 a -> (b -> c) 可写成 a -> b -> c。例如，下面是一个具有类型 a -> b -> c 的函数：

```
plus :: Int -> Int -> Int
plus x y = x + y
```

函数 plus 的解读：plus 需要两个整数输入，其输出是这两个整数之和。

在解释器中可以用命令 :t 查看预定义函数的类型。例如，

```
Prelude> :t (&&)
(&&) :: Bool -> Bool -> Bool
Prelude> :t not
not :: Bool -> Bool
Prelude> :t sqrt
sqrt :: Floating a => a -> a
```

这里表示 sqrt 的类型是函数类型 a -> a，其中 a 可以是 Float，也可以是 Double，因此，sqrt 具有下列两种类型：

```
sqrt :: Float -> Float
sqrt :: Double -> Double
```

以上类型显示 sqrt 是重载的函数，可以理解为 sqrt 既可以应用于单精度浮点数求平方根，结果仍然是单精度浮点数，也可应用于双精度浮点数求平方根，结果仍然是双精度浮点数。

2.2.10　函数应用与类型推导规则

假设有函数 f :: a -> b，则 f 的类型说明表示：f 可以应用于类型为 a 的任意表达式 e，记作 f e，并且**函数应用**结果的类型为 b，即

$$\frac{f :: a -> b \quad e :: a}{f\ e :: b}$$

类型推导
规则

例如，

```
not       :: Bool -> Bool
not True  :: Bool
not False :: Bool
div       :: Int -> Int -> Int
div 6     :: Int -> Int
div 6 3   :: Int
```

```
(*)      :: Int -> Int -> Int
6 *      :: Int -> Int
6 * 3    :: Int
```

注 5 Haskell 函数应用的表示不同于数学上函数应用的通常表示法。带有两个参数的函数应用在数学上记作 f (x,y)。一个类型为a -> b -> c 的 Haskell 函数 f 可以想象为需要两个输入并且分次给出输入的函数: 如果e1 :: a, 则f e1 :: b -> c 是等待第二个输入的函数。如果e2 :: b, 则f e1 e2 :: c。

函数应用是一种运算, 这种运算的参与对象是函数及其参数, **运算符是两者之间的空格**。**函数应用运算的优先级最高, 而且是左结合的**。例如, div 4 3 等同于(div 4) 3, 而div 4 2 + 1 等同于(div 4 2) + 1。

如果将 f :: a -> b 应用类型不等于 a 的表达式 e, 则称这样的应用 f e 为**类型错误** (type error)。例如, not 2, True * 3 都是类型错误。

Haskell 是一种"强类型"语言, 即一个函数应用于一些参数时, 这些参数的类型必须与函数类型说明中相应参数类型一致, 否则系统会报告类型错误。检查程序中是否存在类型错误的过程称为**类型检测**。类型检测可以避免一类程序错误。此外, 类型检测是在编译和解释过程中进行的, 所以类型错误不会发生在运行阶段, 即"类型正确的程序在运行时不会发生错误", 这种性质称为**类型安全**。所以, Haskell 是类型安全的。

2.3 Haskell 函数定义

2.3.1 函数定义语法规则

定义一个函数时, 首先说明其类型, 然后给出定义体。定义体用一个或者多个等式表示, 每个等式等号左边是函数名, 后接**输入参数**, 也称**形式参数** (formal parameter), 简称**形参**, 有多个输入参数时中间用空格分隔, 等号右边表示对应的结果, 通常是包含等号左边输入参数的表达式。

例 2.4 定义一个函数, 其输入是整数, 输出是该整数的 3 倍加 1:

```
suc :: Int -> Int
suc x = 3 * x + 1
```

这里的输入参数 x 也称**变量**, x 是数学上的变量, 它表示任意整数。变量 x 在定义左右表示同一个量, 定义等式右边用变量 x 表达期望的输出值。

将包含函数 suc 定义的脚本加载到解释器后, 便可以将 suc 应用于具体的 Int 类型的数值或者表达式:

```
*Main> suc 3
10
*Main> suc (3+4)
22
```

这里 suc 应用的具体数值 3 和 (3+4) 也称为**实际参数**（argument），简称**实参**。在不致引起混淆时，我们将统一使用**输入**表示输入形式参数和实际参数。

注 6 对于习惯了命令式语言的程序员，特别注意这里的变量 x 不是与内存相关的、可以修改的量。**不要、也不可以修改变量 x 的值**，只能将变量 x 用于表达式中，特别是用于计算输出的表达式中。

函数和变量的命名规则：以（小写）字符或者下画线开始、由字母和数字构成的、不含空格的符号串。例如，f、foo、double_it、add2、isEven、x、x1、y 等都是合法的函数名或者变量名。

注 7 每一种程序设计语言都有一些**保留字**（reserved word），它们具有特定的含义，不可以用作函数名或者变量名。Haskell 的保留字包括：case、class、data default、deriving、do、else、if、import、in、infix、infixl、infixr、instance、let、module、newtype、of、then、type、where。

注 8 变量名的首字母要用小写，类型名和构造符首字母用大写，如 Int、True。

书写规则：简单的规则是，所有的类型说明和函数定义都要左对齐。一个定义在一行写不下时，后续行要缩进。换句话说，一个定义行结束的位置是与该行左对齐位置或者在该行左侧开始的文字。例如，图 2.3 的定义是合乎语法的，而图 2.4的定义是不合乎语法的。

```
-- 本行是注释
{-
   这里可以写多行注释。
   以下是两个函数的定义
-}
mymax :: Int -> Int -> Int
mymax x y = if x > y then x
                     else y
mymax2 :: Int -> Int -> Int
mymax2 x y
    | x > y     = x
    | otherwise = y
```

图 2.3　合乎语法的脚本

```
mymax :: Int -> Int -> Int
mymax x y = if x > y then x
else y                      -- 没有缩进
                            -- else 开始了另一个定义行
 mymax2 :: Int -> Int -> Int  -- 没有与前面的定义左对齐
 mymax2 x y
     | x > y     = x
     | otherwise = y

foo :: (String, Int) -> Int
foo ("name", age) = age       -- "name"不是合法的变量名
```

图 2.4　不合乎语法的脚本

程序中的注释是对程序的辅助说明，对于增加程序的可读性和后期维护都有重要作用。注释是给人阅读的，解释器和编译器将忽略注释。

各种程序设计语言都规定了各自的注释标记符号。在 Haskell 中，**单行注释**以两个减号（--）开始，**多行注释**用 "{-" 和 "-}" 表示，如图 2.3所示。

2.3.2 函数定义举例

例 2.5 定义求两个整数中最大值的函数 mymax，其类型为

```
mymax :: Int -> Int -> Int
mymax x y = if x >= y then x else y
```

定义表明，给定两个输入 x 和 y，如果 x >= y 为真，则结果为 x，否则结果为 y。定义也可以使用下面的形式:

```
mymax :: Int -> Int -> Int
mymax x y
   | x >= y    = x
   | otherwise = y
```

其中，每个守卫 ("|") 后列出一个条件以及在该条件下函数的取值。一个条件必须是 Bool 类型的表达式。

当把 mymax 应用于两个实际参数时，形式参数分别取得对应的实际参数值（也称为将实际参数**绑定**（binding）给对应的形式参数），然后从上至下检查"|" 后的条件，第一个条件成立对应的值是函数应用于实际参数的结果。例如，

```
*Main> mymax 3 1
3
```

对于表达式 mymax 3 1，实参 3 和 1 分别绑定给 x 和 y，因为第一个条件 x>=y 成立，因此按照定义的第一个等式计算结果是 x，即第一个实参 3。

```
*Main> mymax 1 3
3
```

对于表达式 mymax 1 3，实参 1 和 3 分别绑定给 x 和 y，因为第一个条件 x>=y 不成立，而 otherwise 总是为真 (otherwise 是预定义的布尔值 True)，因此结果是 y，即第二个实参 3。

注 9 （1）使用守卫符的定义中可以列多个条件，所有守卫符要缩进左对齐，而且 | otherwise 总是放在最后，因为 otherwise 为 True，这个条件总是成立。

（2）特别注意，等号（=）位于每个条件之后，第一个守卫符前没有等号。例如，在上一个使用守卫的 mymax 定义中，第二行 mymax x y 之后没有等号。

例 2.6 定义一个函数，输入是一个人的姓名和性别，输出是其姓名。这里一个人用姓名和性别的二元组表示，类型分别用 String 和 Char 表示，所以函数的类型和定义为

```
name :: (String, Char) -> String
name (x, y) = x
```

这里定义中形式参数使用了 (x, y) 的形式，称为**模式** (pattern)，因为输入参数的类型是二元组类型，所以输入一定是二元组模式。在解释器中将 name 应用于二元组 ("Gao xing", 'M')：

```
*Main> name ("Gao xing", 'M')
"Gao xing"
```

按照函数 name 的定义，形式参数 (x, y) 与实际参数 ("Gao xing", 'M') 进行**模式匹配**，x 与"Gao xing" 匹配，y 与'M' 匹配，因此结果是"Gao xing"。如果尝试将 name 应用于实参如"Gao xing"，则实参与二元组模式不匹配，**匹配失败**，解释器报告类型错误。这种使用模式定义和模式匹配进行计算在函数程序设计中十分常见。

类似地，可以定义返回一个人的性别的函数：

```
sex :: (String, Char) -> String
sex (x, y) = y
```

函数 name 的定义也可以简单的**变量模式**，例如，

```
name' :: (String, Char) -> String
name' z = fst z
```

其中，fst :: (a, b) -> a 是预定义函数，它返回二元组的第一个分量。当 name' 应用于某个实际参数如 ("Gao xing", 'M') 时，变量 z 总是与任何值匹配成功，因此，实参 ("Gao xing", 'M') 绑定给形参 z，根据定义，结果是 fst ("Gao xing", 'M')，即"Gao xing"。显然，使用二元组模式的定义比使用简单变量模式的定义更清晰。

注 10　用构造函数表示的参数形式称为**模式**，也称为**构造函数模式**。例如，(x, y) 是用二元组类型的构造函数 (,) 表示的，称为二元组模式。定义中使用构造函数模式是函数定义中常见的形式，因为一个类型的所有元素均可以用它的构造函数的形式表示。

例 2.7　类型 Bool 上的运算 || 是兼容或，即表达式 x || y 为 True 当且仅当 x 或者 y 至少有一个为 True。定义 Bool 类型上的不兼容或 exor，使得表达式 exor x y 为 True 当且仅当 x 和 y 恰好有一个为 True。

下面给出两种定义。一种定义使用构造函数模式，即枚举 exor 的各种可能输入值：

```
exor :: Bool -> Bool -> Bool
exor True False  = True
exor False True  = True
exor True True   = False
exor False False = False
```

因为后两个等式表示，除前两个等式情况外，其他情况结果均为 False，因此后两个等式可以合并为一个等式：

```
exor :: Bool -> Bool -> Bool
exor True False = True
exor False True = True
exor x y        = False
```

这里用变量 x 和 y 表示输入形式参数可以是任意值，因为变量可以与任意值匹配。又因为最后一个等式中变量 x 和 y 在等式右边不出现，因此经常用下画线表示这种变量[①]：

```
exor :: Bool -> Bool -> Bool
exor True False = True
exor False True = True
exor _ _        = False
```

例如，计算 exor True True 时，解释器从上到下进行模式匹配，因为实际参数与定义前两个等式的形式参数 (构造函数模式) 均不匹配，但是与最后一个等式的变量匹配，因此按照第 3 个等式计算，结果为 False。

　　另一种定义则使用已有的运算表达结果：

```
exor :: Bool -> Bool -> Bool
exor x y = (x || y) && not (x && y)
```

这里等式右边的表达式表示，x 为 True 或者 y 为 True，但并非 x 和 y 均为 True。比较这两个定义，后者显得更简洁。使用已有函数定义新函数是程序设计中常用的方法。

　　注 11　当函数定义包含多个等式时，多个等式的顺序很重要。例如，如果将 exor 定义写成如下形式：

```
exor :: Bool -> Bool -> Bool
exor _ _        = False
exor True False = True
exor False True = True
```

计算 exor True False 时，从上到下进行模式匹配，首先与第一个等式匹配成功 (变量与任何值匹配成功)，因此结果为 False，但是，正确的结果应该按照第二个等式计算，应为 True。

　　为了代码的可读性和简洁，可以用 type 给一个类型起一个**类型别名**，特别是比较复杂的类型。例如，

```
type Name = String
type Person = (Name, Char)
name :: Person -> Name
name (x, y) = x
```

---

① 当一个形式参数不在等式右边出现时，形参名不重要，因此经常用下画线表示这种形参。

这里 Person 与 (String, Char) 是完全等同的。再例如，String 是 [Char] 的别名。注意，类型别名要用大写字母开头的标识符。

例 2.8 定义一个函数，其输入是平面上的点坐标，输出是该点的 x 坐标。

```
type Point = (Float, Float)
x_cord :: Point -> Float
x_cord (x, y) = x
```

类似地，输入是平面上的点坐标，输出是其 y 坐标的函数：

```
y_cord :: Point -> Float
y_cord (x, y) = y
```

以上几个例子类型和定义都遵循了同一个模式：输入是二元组，输出是第一个分量或者第二个分量。我们可以用两个更通用的函数代替前面的函数。

例 2.9 输入是二元组，输出是第一个分量的函数：

```
fst :: (a, b) -> a
fst (x, y) = x
```

输入是二元组，输出是第二个分量的函数：

```
snd :: (a, b) -> b
snd (x, y) = y
```

实际上，fst 和 snd 是 Prelude 预定义的库函数。

在例 2.9 的类型说明中，a 和 b 是任意类型，称为**类型变量**，这种包含类型变量的类型称为**多态类型**，这种类型的函数称为**多态函数**。因此，fst 和 snd 是多态函数，可用于任意二元组类型。例如，以上的 name 和 x_cord 就是 fst 函数的一种特殊形式。

例 2.10 给定一个以原点为圆心，r 为半径的圆，判断任意坐标点 (x, y) 是否落在圆内（包括圆的边界）。

假定函数命名为 inCircle，那么它的输入包括圆（半径）和任意坐标点，结果是 Bool 型，因此函数具有下列类型：

```
inCircle :: Float -> (Float, Float) -> Bool
```

在定义函数时，只需计算 (x, y) 与圆心的距离，然后判断该距离是否小于或等于 r 即可，因此可以使用 if 表达式定义：

```
inCircle r (x,y) = if sqrt (x^2 +y^2)<=r then True else False
```

但是，另一方面，等号右边的 if 表达式与布尔表达式 sqrt (x^2 +y^2) <= r 具有相同的值，它们是等值的，因此，定义可以简化为

```
inCircle r (x, y) = sqrt (x^2 +y^2) <= r
```

例 2.11　定义一个函数 numRealRoots, 计算一个一元二次方程 $ax^2 + bx + c = 0$ 的实根个数。

因为一元二次方程 $ax^2 + bx + c = 0$ 的数据表示是三个系数 a、b 和 c, 因此, 该函数的输入是三个类型 Float 的实数, 输出是整数, 因此具有类型:

```
numRealRoots :: Float -> Float -> Float -> Int
```

下面给出两种形式的函数定义。

首先, 可以根据判别式的值, 使用 **if 表达式**表示:

```
numRealRoots a b c = if p < 0 then 0 else if p == 0
                                          then 1 else 2
        where p = b^2 - 4*a*c
```

这个定义使用了嵌套的 if 表达式, 即 else 后也是一个 if 表达式。另外, 因为判别式在这个定义中有两处出现, 为了避免重复, 这里用保留字 where 引入了**局部定义**。注意, 局部定义要缩进。

对于这种分情况的定义, 更常见的是使用守卫的形式:

```
numRealRoots a b c
    | p < 0     = 0
    | p == 0    = 1
    | otherwise = 2
    where
    p = b^2 - 4*a*c
```

注意, 这里也使用了用 where 引入的局部定义。用 where 可以引入多个局部定义等式, 此时这些局部定义等式仍然需要左对齐。

注 12　在形如 if c then e1 else e2 的表达式中, c 是任意的布尔型表达式, e1 和 e2 是同类型的任意表达式, 因此它们也可以是 if 表达式。

使用局部定义的另一种方法是 **let 表达式**。例如,

```
numRealRoots a b c = let p = b^2 - 4*a*c
            in if p < 0 then 0 else if p == 0 then 1 else 2
```

let 表达式的一般形式为 let x = v in e, x 是一个变量, v 是一个表达式, e 是一个表达式, 它表示将 e 中的变量 x 用 v 代替。例如,

```
Prelude> let p = 5^2- 4*3 in sqrt p
3.605551275463989
Prelude> let x = 3 in (x^2 -2*x - 3)
0
Prelude> let a = 2 in let b = 3 in sqrt (a^2 + b^2)
3.605551275463989
```

2.4　递归函数

如果一个函数的定义中使用了它本身,则称该函数是**递归函数**(recursive function)。递归函数是函数程序中最常用的定义方式。

2.4.1　阶乘函数

n 的阶乘定义为

$$n! = n \times (n-1) \times \cdots \times 1$$

因为 $n!$ 表示 n 的阶乘,所以 $(n-1)! = (n-1) \times \cdots \times 1$,即阶乘可以定义为

$$0! = 1 \tag{2.1}$$

$$n! = n \times (n-1)! \tag{2.2}$$

以上两个等式便构成阶乘的**递归定义**(recursive definition)。等式 (2.1) 称为**递归基**(base case),等式 (2.2) 称为**递归步**(step case),递归步中的 $(n-1)!$ 称为**递归调用**(recursive call)。

下面展示根据以上两个等式定义的阶乘函数计算 3! 的过程。

$$
\begin{aligned}
3! &= 3 \times 2! &\text{(递归步2.2)}\\
&= 3 \times (2 \times 1!) &\text{(递归步2.2)}\\
&= 3 \times (2 \times (1 \times 0!)) &\text{(递归步2.2)}\\
&= 3 \times (2 \times (1 \times 1)) &\text{(递归基2.1)}\\
&= 6
\end{aligned}
$$

由上面计算过程和阶乘定义容易看出,对于任意非负整数 n,计算 $n!$ 必然在使用有限步递归步后划归到递归基,从而完成阶乘的计算。

注意,为了保证这种计算的有限步**终止性**(termination),递归基和递归步都不可少。

(1) 递归步中递归调用的参数 $(n-1)$ 小于等式左面的输入参数 n,以确保有限次使用递归步后划归到递归基。

(2) 递归基确保递归步的有限次应用,并最终给出结果。

递归定义反映了一种解决问题的一般方法。通常一个问题在简单的情况容易直接给出解,一般的较复杂情况可以化成一些子问题,并在子问题解的基础上得到原问题的解。其中子问题与原问题类似,但是比较简单,因此可以遵循解决原问题的解决方法。

根据以上阶乘的数学定义,Haskell 定义是直接的:

```
fact :: Integer -> Integer
fact 0 = 1
fact n = n * fact (n - 1)
```

注 13   定义中表示递归步的第二个等式中，表达式 (n-1) 中的括号不可省略。否则，在表达式 n * fact n - 1 中，函数应用 fact n 的优先级高于乘法 * 和减法-，因此会造成无限循环。例如，计算 fact 1 的过程: fact 1 = 1 * (fact 1) - 1 = 1 * (1 * (fact 1) - 1) - 1 = $\cdots$

注 14   Haskell 函数定义有多个等式时，要注意等式的先后次序不可写反，这是因为 Haskell 解释器按照从上到下的顺序匹配适用的等式。假如将函数 fact 定义中两个等式的次序颠倒:

```
fact :: Integer -> Integer
fact n = n * fact (n - 1)
fact 0 = 1
```

那么解释器在计算如 fact 1 时总是使用第一个递归步等式: fact 1 = 1*(fact 0) = 1*(0*(fact (-1))) = 1*(0*(-1 * (fact (-2)))) = $\cdots$，这是因为在计算 fact 0 时，输入 0 首先与第一个等式的输入变量 n 匹配成功，由此造成死循环。因此，递归基等式要写在递归步等式前面。

2.4.2   斐波那契数列

$n!$ 递归定义只含一个递归基和递归步，递归步中只有一个递归调用。一般地，递归定义中的递归基和递归步都可以有多个。递归步中的递归调用也可以有多个，但是，递归调用的参数必须小于等式左面的参数。下面给出的斐波那契数列的递归定义是具有多个递归基的一个例子。

例 2.12   斐波那契数列定义为: $0, 1, 1, 2, 3, 5, 8, \cdots$。如果用 $\mathrm{fib}(n)$ 表示第 n 个斐波那契数，那么 $\mathrm{fib}(0) = 0, \mathrm{fib}(1) = 1, \mathrm{fib}(2) = \mathrm{fib}(0) + \mathrm{fib}(1), \cdots$，一般地，$\mathrm{fib}(n) = \mathrm{fib}(n-1) + \mathrm{fib}(n-2)(n \geqslant 2)$。因此，它的递归定义如下:

$$\mathrm{fib}(0) = 0 \tag{2.3}$$

$$\mathrm{fib}(1) = 1 \tag{2.4}$$

$$\mathrm{fib}(n) = \mathrm{fib}(n-1) + \mathrm{fib}(n-2) \tag{2.5}$$

定义中式 (2.3) 和式 (2.4) 都是递归基，递归步 (2.5) 中有两个递归调用，但是其参数 $(n-1)$ 和 $(n-2)$ 均小于等式左面的参数 n。这也是递归定义中需要两个递归基的原因。

按照以上数学定义，可以很方便地写出斐波那契数列函数的 Haskell 定义:

```
fib :: Integer -> Integer
fib 0 = 0
fib 1 = 1
fib n = fib (n-1) + fib (n-2)
```

2.4.3　汉诺塔

汉诺塔 (Tower of Hanoi) 是一个典型的递归求解例子。问题是现有 n 个盘子按照人小顺序放在 start 杜子上，见图 2.5，目标是按照以卜规则将其移全 end 柱子上。

（1）每次在三个柱子之间移动一个盘子。

（2）只能将较小的盘子放在较大的盘子上。

（a）初始状态

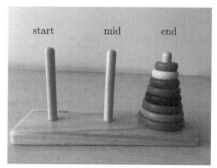
（b）最终状态

图 2.5　汉诺塔

汉诺塔很容易使用递归方法解决，问题的分解过程和步骤见图 2.6。

（a）n个盘子的初始状态

（b）递归地解决前$n-1$个盘后的状态

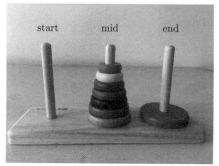
（c）移动第n个盘子后的状态

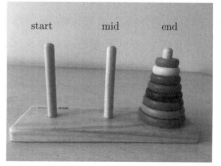
（d）递归地解决$n-1$个盘子问题，到达最终状态

图 2.6　汉诺塔递归解的过程

对于 n 个盘子的汉诺塔问题，可以先解决将上面的 $n-1$ 个盘子移到中间柱子上（见图 2.6（b））的问题，这个问题和原问题类似，但是问题规模小，因此可以用递归完

成。在此基础上，可以将最大的第 n 个盘子移到目标柱子上（见图 2.6（c）），最后将中间柱子上的 $n-1$ 个盘子移到目标柱子上（见图 2.6（d）），这个任务又一次可以使用递归完成。

设计一个函数解决汉诺塔问题时，首先需要分析其输入有哪些，输出是什么，以及用什么样的数据表达这些输入和输出。

首先，盘子数目显然是一个输入，可以用整数表示。注意到递归步中涉及到从哪个柱子移动到哪个柱子，可见，这些柱子也是它的输入，不妨用整数编号，如 1、2 和 3。

该问题解的输出可以理解为一系列的移动动作，例如一个动作是"将第 1 个盘子从第 1 个柱子移动到第 3 个柱子"。不妨用一个三元组表示 (n, f, t) 表示动作"将第 n 个盘子从 f 柱子移到 t 柱子"，那么函数的输出便是这些三元组的列表，例如，下面列表说明如何将 3 个盘子从 1 号柱子移到 3 号柱子：

$$[(1,1,3),(2,1,2),(1,3,2),(3,1,3),(1,2,1),(2,2,3),(1,1,3)]$$

因此，可以用三元组的列表表示输出。

将解汉诺塔的函数命名为 hanoi，那么 hanoi 的输入分别是盘子数目 n 以及三个柱子，分别用 Int 类型表示，因此，每个动作的类型为 (Int, Int, Int)，输出类型为 [(Int, Int, Int)]，由此得到函数 hanoi 塔的类型和定义如下：

```
hanoi :: Int -> Int -> Int -> Int -> [(Int, Int, Int)]
hanoi 0 start mid end = []
hanoi n start mid end = hanoi (n-1) start end mid ++
                        [(n, start, end)] ++
                        hanoi (n-1) mid start end
```

注意，hanoi n start mid end 的语义是"将 start 柱子上的 n 个盘子从 start 移到 end 柱子，mid 作为辅助柱子。"例如，在解释器中计算如何将 3 个盘子从 1 号柱子移到 3 号柱子：

```
> hanoi 3 1 2 3
```

注 15 函数 hanoi 有 4 个输入，分别表示盘子数、开始柱子编号、中间柱子编号和目标柱子编号。不同位置的参数具有不同的含义。因此，在递归步调用中要注意三个柱子的输入顺序，例如，hanoi (n-1) start end mid 表示将 n-1 个盘子从 start 柱子移到 mid 柱子，end 为辅助柱子。

注 16 函数 hanoi 定义等式左边的 start、mid 和 end 是变量，不可用具体的数值如 1、2 和 3 代替。两个等式说明了解决问题的逻辑。只有在调用函数 hanoi 时，才可将 hanoi 应用于具体的输入数据，如 hanoi 3 1 2 3。

以上的例子都是自然数上的递归。今后我们还会看到，列表上的许多函数都可以通过递归定义。例如，定义求列表长度的函数 length 可以递归定义：

```
length :: [a] -> Int
length []    = 0
```

```
length (x:xs) = 1 + length xs
```

这里递归基表示空列表长度为 0，非空列表可以表示为 x:xs，其中 x 是列表的第一个元素，xs 是其尾部，因此非空列表长度等于列表尾部长度加 1，求列表尾部长度可以用递归完成。

2.5　模块

利用模块系统可以将一个系统分解成几个相对独立的子系统，每个子系统完成一些确定的任务。模块系统是降低软件复杂度的重要机制。

2.5.1　模块的定义

一个**模块**（module）是包含一些类型定义和函数定义的脚本。一个模块以关键词 module 开始，后接大写字母开始的模块名，然后是此模块**输出**（export）[①]的函数表（供其他模块使用的函数），之后是关键词 where，其后列出模块的函数定义。模块在定义该模块的脚本末尾结束。模块中的顶层定义要左对齐。图 2.7 显示一个名为 Ant 的模块。

```
module Ant (apa, ant) where
apa :: Int -> Int
apa x = x ^ 2

ant :: String -> String
ant s = s ++ (reverse s)

cap :: Int -> Int
cap x = 2 * x
```

图 2.7　一个命名为 Ant 的模块，存储在脚本 Ant.hs 中

一个模块存储在一个文件中，命名为"模块名.hs"。例如，图 2.7 的模块 Ant 命名为文件 Ant.hs。

注意，模块 Ant 只输出两个函数 apa 和 ant，没有输出函数 cap，所以函数 cap 在该模块外部是不可见的。

如果省略输出函数表，则模块定义中的所有函数被输出。

2.5.2　模块的使用

一个模块通常需要调用其他模块输出的函数，此时需要先导入包含被调用函数的模块。在一个模块中，可以使用 import 命令**导入**（import）另一个模块，并在括号中列出导入哪些函数。例如，图 2.8 显示一个名为 Bee 的模块，该模块导入了模块 Ant，并说

[①] 输出也称导出。在不致引起混淆的情况下，仍然使用输出。

明只导入模块 Ant 中定义和输出的函数 apa，这样模块 Bee 便可以使用模块 Ant 提供的函数 apa。

```
module Bee where
import Ant (apa)
foo :: Int -> Int
foo x = apa x + 1

-- 其他定义
```

图 2.8　一个命名为 Bee 的模块，其中导入 Ant 模块的函数 apa

在解释器中可以用:load 命令加载模块，然后调用其中函数：

```
Prelude> :l Bee
[1 of 2] Compiling Ant            ( Ant.hs, interpreted )
[2 of 2] Compiling Bee            ( Bee.hs, interpreted )
Ok, two modules loaded.
*Bee> foo 2
5
```

注意，在模块 Bee 中，模块 Ant 的函数只有 apa 是可见的，其他函数都是不可见的。例如，如果在模块 Bee 中使用 ant 的定义，如在 Bee 中定义下面的函数：

```
boo :: String -> String
boo s = ant (s ++ inverse s)
```

则因为模块 Ant 中的函数 apa 在模块 Bee 中不可见，因此解释器会报错 "Not in scope: 'ant'"。

如果省略 import 中导入函数列表 (apa)，则模块 Ant 的所有输出函数均被导入模块 Bee 中。例如，图 2.9定义的模块是合法的。

```
module Bee where
import Ant
foo :: Int -> Int
foo x = apa x + 1

boo :: String -> String
boo s = ant (s ++ reverse s)
```

图 2.9　模块 Bee 导入了 Ant 所有的输出函数

注意，如果在图 2.9中使用模块 Ant 中的函数 cap，解释器仍然会报错，因为模块 Ant 没有输出该函数，其他模块不可用。

注 17　如果一个脚本没有使用 module 定义模块名，则系统默认模块名为 Main。解释器提示符显示当前加载的模块名，如 *Bee> 或者 *Main>。

2.5.3　查找库函数

每种程序设计语言都实现了许多模块或者**库**(library)，为用户提供通用的函数以及适用于各个领域如网络、图形处理、游戏和语音语义等专用领域的函数。

模块 Prelude 定义了常用函数，包括列表类型的常用函数如 length、head、tail 和 take 等，二元组上的函数 fst 和 snd 等。模块 Prelude 默认被导入任何新定义的模块或者脚本，因此无须显式地导入。附录 B 列出了部分常用的 Prelude 函数。用户也可以在解释器中使用:browse 命令列出该模块输出的定义，例如，

```
Prelude> :browse Prelude
(!!) :: [a] -> Int -> a
(&&) :: Bool -> Bool -> Bool
(++) :: [a] -> [a] -> [a]
...
zipWith :: (a -> b -> c) -> [a] -> [b] -> [c]
(||) :: Bool -> Bool -> Bool
```

Hoogle（https://hoogle.haskell.org/）是查找 Haskell 的库函数的工具，用户可以根据函数名或者类型查找。例如，用户想使用一个从一个列表取得特定位置元素的函数，类型可能是 [a] -> Int -> a 或者 Int -> [a] -> a。用户只需输入可能的函数类型，Hoggle 便列出多个具有这种类型或者类似类型的函数，如图 2.10所示。

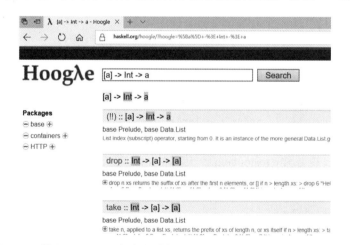

图 2.10　使用 Hoogle 查找类型为 [a] -> Int -> a 的函数部分结果

再例如，如果用户希望将一位数字字符如'9' 转换为数值 9，其类型位 Char -> Int，Hoogle 查询可见函数 digitToInt :: Char -> Int。该函数由模块 Data.Char 提供，因此在脚本中可以导入该模块，然后直接使用该函数。在解释器中也可以直接导入该模块，然后使用该函数：

```
Prelude> import Data.Char
Prelude Data.Char> digitToInt '9'
9
```

2.6 软件调试与测试

本节介绍软件调试和测试的概念，并说明如何使用一个随机测试工具对 Haskell 函数进行测试。计算机软件是相对于计算机硬件而言，泛指运行在计算机硬件上的程序。我们将混用软件和程序这两个术语。

2.6.1 软件调试

人们在编写程序过程中会犯各种错误，包括语法错误、语义错误和运行时错误。查找错误并改正错误的过程称为**调试**（debug）[①]。调试无论对毫无经验的初学者还是有一定经验的程序员都是非常费时的过程。

语法错误（syntax error）顾名思义就是不符合程序设计语言语法规则的错误，例如变量命名问题，打字错误，括号不匹配等。这些错误通常可由编译器或者解释器发现并报告，因此也比较容易发现、定位并修正。

语义错误（sematic error）（也称逻辑错误）是指程序的语义错了，即程序不能给出正确结果，或者不能按照预期工作。这类错误并不会让编译器或者解释器返回一个错误信息，只有在程序运行期间或者运行之后才会发现。

例 2.13 定义一个函数，输入是一个整数列表，输出是最后一个数。可能给出如下定义：

```
lastElem :: [Int] -> Int
lastElem xs = xs !! (length xs)
```

如果在解释器下运行，求列表 [1..10] 的最后一个元素：

```
*Main> lastElem [1..10]
*** Exception: Prelude.!!: index too large
```

解释器报告运行出现异常 (exception)：运算 (!!) 的索引太大。原因在于一个列表 xs 的最后一个元素的索引应为 length(xs)-1，因此将 lastElem 定义修改为

```
lastElem :: [Int] -> Int
lastElem xs = xs !! (length xs - 1)
```

重新加载该模块并计算最后一个元素结果正确：

```
*Main> lastElem [1..10]
10
```

在 Haskell 程序中，许多错误表现为**类型错误** (type error)，即运算或者函数所要求的类型与参数类型不一致所致。

[①] 英语文献中通常用 bug（虫子）表示程序中的错误，debug 意为去除虫子。

例 2.14　定义一个函数 myDiv，输入是两个整数，输出是它们相除的结果（浮点数）。定义可能是这样的：

```
module Debug where
myDiv :: Integer -> Integer -> Float
myDiv x y = x / y
```

在解释器中尝试加载该模块：

```
Prelude> :l Debug
[1 of 1] Compiling Main             ( Debug.hs, interpreted )

Debug.hs:2:13: error:
    ? Couldn't match expected type 'Float' with
                              actual type 'Integer'
    ? In the expression: x / y
      In an equation for 'myDiv': myDiv x y = x / y
    |
2 | myDiv x y = x / y
    |             ^^^^^
Failed, no modules loaded.
```

解释器报告类型错误：在第 2 行 myDiv 定义的一个等式 (equation) 中，表达式 (expression) x/y 中的期望类型 (expected type) 'Float' 与实际类型 (actual type) 'Integer' 不匹配 (couldn't match)。也就是说，运算（/）是浮点数的除法，期望的类型是 Float，而表达式中提供的 x 和 y 的实际类型是 Integer。

注意解释器用 "^^^^^" 提示了出现错误的表达式，之上的错误信息按照中文阅读习惯可以从后往前读。

解决的方法是做**类型转换** (type conversion)，将 x 和 y 先转换为 Float，然后再做浮点数的除法。在 Hoogle 查询类型 Integer -> Float，发现函数 fromInteger :: Num a => Integer -> a，它表示 fromInteger 的类型为 Integer -> a，其中 a 是任何数值类型，也就是说，该函数可以将 Integer 类型转换为任何数值类型[①]。为此，将定义修改为

```
myDiv :: Integer -> Integer -> Float
myDiv x y = (fromInteger x) / (fromInteger y)
```

接下来重新加载模块，并调用函数 myDiv，计算结果正确：

```
*Debug> :r
Ok, one module loaded.
*Debug> myDiv 3 2
1.5
*Debug> myDiv 2 3
0.6666667
```

---

① 另外一个适用的转换函数是 fromIntegral，它将 Int 或者 Integer 类型转换为其他数值类型。

在遇到错误时，需要仔细阅读有关解释器返回的错误信息，分析错误类型和错误位置，进而改正错误。

注 18　在解释器中直接在 3 和 2 之间做浮点数除法：

```
*Debug> 3 / 2
1.5
```

这里仍然是两个整数做浮点数除法（/），为什么没有出现类似于上面的类型不匹配呢？答案是 3 和 2 既表示整数 3 和 2，也表示浮点数的 3 和 2，也就是说 3 和 2 是重载的符号。在这个计算中，解释器将 3 和 2 解释为浮点数。

2.6.2　软件测试

程序设计是非常容易犯错的过程。事实上，软件开发的最大费用就是在程序中找出错误并改正错误，这个过程称为**软件测试**（software testing）。

软件测试是控制软件质量的一个重要方法。"软件测试是在规定的条件下对程序进行操作，以发现程序错误，衡量软件质量，并对其是否能满足设计要求进行评估的过程。"[①]

软件测试的目的是找错误。一个正确的程序应该对这个程序或者函数的所有合法输入都能够给出正确的输出。另一方面，一个程序的输入往往是无穷的。例如，计算一个实数的平方根的程序，它的合法输入有无穷多非负实数。但是，测试只能在有限的时间完成，因此，只能选择有限个输入进行测试。

在选择测试输入数据时，应该尽可能选择各种可能的输入情形，特别是容易出现错误的输入，以及特殊的情形和边界的情形。

软件测试

需要注意的是，"测试永远不能证明软件中不存在错误，只能证明软件中存在错误。"，这是著名计算机科学家 Dijkstra 的名言。因为测试只能测试有限的数据，如果在这个过程中发现了错误，则证明软件中确实存在错误。如果没有发现错误，则并不能说明软件中就不存在错误，因为还有更多的输入没有测试过，我们不知道是不是存在错误。

一般测试过程如下。

（1）对选定的所有输入运行程序，检查输出是不是正确。

（2）如果对于某个输入，其输出不正确，则修改程序，直至纠正了这个错误。

（3）返回第（1）步重新对所有输入进行测试，直到没有错误出现。

第（2）步查找错误并改正错误的过程即为**调试** (debug)。第（3）步称为**回归测试** (regression test)。回归测试要求对选定的所有输入重新进行测试，包括改正错误前出现错误的那些输入以及改正前没有出现错误的输入，这是因为在改正错误的时候有可能引入新的错误。

2.6.3　程序的规格说明

测试过程中需要检查每个选定输入的输出是不是正确。例如对于求平方根这个函数来说，如果 sqrt x 给出 x 的平方根，那么它应该满足 (sqrt x)^2 == x。

---

① 见百度百科。

一个软件的输入和输出应该满足的这种条件称为这个软件的 **规格说明** (specification)。程序的规格说明是测试的重要依据。

在 Haskell 中，可以用布尔型的表达式来表示这种规格说明。例如，求平方根函数的规格说明是布尔表达式 (sqrt x)^2 == x。

基于这个布尔型表达式，对给定的输入，可以检查它的输出是不是满足要求。在这种情况下，只需要计算这个表达式的值是 True 还是 False。如果表达式的值为 True，则说明该输入的结果正确；如果表达式的值为 False，则说明该输入的计算结果有问题。此时，需要对这个有问题的输入，查找问题，并修正错误。这种测试方式也称为基于规格说明的测试。

基于规格说明的测试，关键的问题在于选择哪些输入做测试，这些用于测试的输入称为 **测试用例**。

选择测试用例的一个简单策略是随机选择若干输入。例如，随机选择 100 个非负实数，检查表示程序规格说明的布尔型表达式是否均为真。这种随机测试是可以自动化的。QuickCheck 就是这样一个随机测试工具。

2.6.4　QuickCheck 随机测试工具

对于一个待测函数，其规格说明可以表达为函数输入类型到 Bool 的函数。例如，被测函数 sqrt 的规格说明可以写成下列形式的 Haskell 函数：

```
prop_sqrt x = (sqrt x)^2 == x
```

再例如，返回两个整数值中较大者函数 mymax 的规格说明可以书写成下面形式的 Haskell 函数：

```
prop_mymax x y =  x <= mymax x y && y <= mymax x y
                && (mymax x y == x || mymax x y ==y)
```

人们把函数应该满足的这种条件称为 **函数的性质**。

函数 mymax 的性质用函数 prop_mymax 表示（习惯上函数名加前缀 prop_），它有两个整数输入，结果是输入和输出应该满足的表达式。prop_mymax 描述 mymax 应该满足的要求：mymax x y 应该大于或等于 x 和 y，而且 mymax x y 或者等于 x 或者等于 y。

对于一个被测函数的性质，QuickCheck 随机选择 100 个输入作为测试用例，逐个检查该性质是否为真。如果对于某个输入性质为假，QuickCheck 停止测试，报告输出有问题的测试用例。否则，QuickCheck 完成 100 个测试用例的测试，并报告完成了 100 个输入的测试，没有发现问题。

下面以测试 mymax 和 sqrt 为例，说明 QuickCheck 的用法。

例 2.15　函数 mymax 的测试。在程序脚本的第一行导入 QuickCheck 模块，并将规格说明定义为输入类型到 Bool 的函数，表达被测试函数的性质：

```
module TestDemo where
import Test.QuickCheck

mymax :: Integer -> Integer -> Integer
mymax x y = if x > y then x else y

prop_mymax x y =  x <= mymax x y && y <= mymax x y
                  && (mymax x y == x || mymax x y ==y)
```

接下来在解释器加载模块 TestDemo，并在解释器中使用 quickCheck 命令后接测试的函数性质名：

```
> :l TestDemo
> quickCheck prop_mymax
+++ OK, passed 100 tests.
```

解释器显示测试了 100 个输入，没有发现问题。用户也可以选择多次运行测试命令。

假如将 mymax 定义修改如下（错误版本）：

```
mymax x y = if x <= y then x else y
```

存盘后在解释器中重新加载脚本，再重新测试：

```
>quickCheck prop_mymax
Failed! Falsified (after 2 tests and 1 shrink):
0
1
```

结果报告错误: 当输入 x 和 y 分别取这两个值 0 和 1 时，性质 prop_mymax x y 为 False，即被测性质对这样的输入不成立。

此时需要返回来查找错误，修改程序。

测试中报告的错误，可能是被测函数的错误，也可能是函数的性质表达不正确。

例 2.16 假设要测试标准库函数 sqrt，测试的性质是一个数的平方根的平方等于原数：

```
module TestDemo where
import Test.QuickCheck

prop_sqrt x = (sqrt x)^2 == x
```

加载模块，并运行测试：

```
> :l TestDemo
> quickCheck prop_sqrt
-0.1
```

测试返回一个错误: 当输入 x 等于 −0.1 时, 测试的性质是假的。

实际上, 求平方根函数的输入必须大于或等于 0 才有意义。为此, 需要给测试的性质添加一个 x >= 0 的条件, 对测试的输入进行限制。

QuickCheck 用符号 ==> 表示条件, 在前面加上输入满足的条件 x >= 0, 后面的性质不变。修改后的性质为

```
prop_sqrt x = x >=0 ==> (sqrt x)^2 == x
```

修改以后存盘, 重新加载, 再测试:

```
> :r
> quickCheck prop_sqrt
*** Failed! Falsified (after 2 tests and 2 shrinks):
0.2
```

测试仍然报告错误。

仔细分析发现, 问题在于 sqrt 返回平方根的近似值, 性质中的两个值并不完全相等, 但是这两个值之间的误差应该很小。因此, 这里需要修改测试的性质, 将两个值的相等改为两者差的绝对值小于某一个很小的误差。例如,

```
prop_sqrt x = x >= 0 ==>  abs ((sqrt x)^2 - x) < 0.0001
```

修改后存盘, 重新加载, 再测试:

```
> :r
> quickCheck prop_sqrt
+++ OK, passed 100 tests; 84 discarded.
```

结果显示通过了测试。这里也报告了在随机生成测试用例过程中, 舍弃了 84 个不满足 x >= 0 的数值。

注 19　上面省略了表示性质的函数的类型说明。Haskell 可以根据函数定义推导出输入和输出的类型。另一方面, 表示性质的函数类型, 其结果类型在简单的情况下是 Bool, 如 prop_mymax 的类型为 Integer -> Integer -> Bool, 而有的情况结果类型是 Property, 如带条件的性质 prop_sqrt 的类型为 Float -> Property。

有关更多的 QuickCheck 的使用说明, 请读者参考官方网站 http://www.cse.chalmers.se/ rjmh/QuickCheck/。

2.7　习题

1. 定义一个求一元二次方程 $ax^2 + bx + c = 0$ 根的函数。函数类型为

```
solve :: Float -> Float -> Float -> (Float, Float)
```

其中，三个输入分别是 a、b 和 c，输出是两个实根。

2. 函数 $F(n) = \dfrac{1}{\sqrt{5}}\left(\dfrac{1+\sqrt{5}}{2}\right)^n - \dfrac{1}{\sqrt{5}}\left(\dfrac{1-\sqrt{5}}{2}\right)^n$，给出计算第 n 个斐波那契数的公式。请将该函数定义为 Haskell 函数：

```
fib :: Int -> Float
```

注意，以上函数定义的结果类型为 Float，因为表达式 $F(n)$ 的类型是浮点数。在数学上，$F(n)$ 实际上是整数。试着再定义下列类型的计算斐波那契数的函数：

```
fib' :: Int -> Int
```

3. 在 2.4.3 节的汉诺塔例子中，柱子也可以用字符表示。例如，用 (1, 'a', 'c') 表示将 1 号盘子从 a 柱子移到 c 柱子。按照这种编号方式，函数 hanoi 的类型为

```
hanoi :: Int -> Char -> Char -> Char -> [(Int, Char, Char)]
```

按照这个类型重新定义函数 hanoi，并在解释器中计算如何解决 3 个盘子的汉诺塔问题。

4. 试定义函数计算 m^n，其中 m 是实数，n 是非负整数。该函数可以对 n 递归定义。首先写出函数的数学定义，然后写出 Haskell 定义，并通过计算一些幂检验定义的正确性。

提示：该函数有两个输入，类型分别为 Float 和 Int，结果类型为 Float。

5. 用牛顿-拉弗森 (Newton-Raphson) 公式求平方根是一种收敛很快的迭代方法。求 r 的平方根的牛顿-拉弗森迭代公式为

$$x_{n+1} = (x_n + r/x_n)/2$$

例如，求 $r = 3$ 的平方根的迭代，用 x0 = 1 作为初始值：

```
Prelude> r = 3
Prelude> x0 = 1
Prelude> x1 = (x0 + r/x0)/2
Prelude> x1
2.0
Prelude> x2 = (x1 + r/x1)/2
Prelude> x2
1.75
Prelude> x3 = (x2 + r/x2)/2
Prelude> x3
1.7321428571428572
```

用以上迭代公式实现下列求平方根的某个迭代值的函数：

```
newtonRaphson :: Float -> Float -> Int -> Float
```

其中，第一个输入是浮点数 r，第二个输入是初始值 x0，第三个输入是迭代次数。例如，

```
> newtonRaphson 3 1 0
1
> newtonRaphson 3 1 2
1.75
> newtonRaphson 3 1 3
1.7321429
```

提示: 请使用递归。例如,

```
newtonRaphson :: Float -> Float -> Int -> Float
newtonRaphson r x0 0 = x0
newtonRaphson r x0 n = ...
```

6. 编写一个实现分数四则运算的模块。

一个分数 a/b 可以表示为 (a,b), 其中 b>0, 并且 a 与 b 没有大于 1 的公因子。例如, 1/2 和-2/3 可分别表示为 (1,2) 和 (-2,3)。为此, 我们定义表示分数的类型

```
type Fraction = (Integer, Integer)
```

(1) 第一个任务是实现 Fraction 上的下列运算。

```
ratplus  :: Fraction -> Fraction -> Fraction
ratminus :: Fraction -> Fraction -> Fraction
rattimes :: Fraction -> Fraction -> Fraction
ratdiv   :: Fraction -> Fraction -> Fraction
ratfloor :: Fraction -> Integer
ratfloat :: Fraction -> Float
rateq    :: Fraction -> Fraction -> Bool
```

前 4 个函数实现分数上的四则运算, ratfloor 将一个分数转换成不大于它的最大整数, ratfloat 将分数转换成浮点数, rateq 判断两个分数是否相等。例如,

```
*Main> ratplus (1,2) (1,2)
        (1, 1)
*Main> ratplus (1,2) (-1,2)
        (0, 1)
*Main> ratplus (3,5) (rattimes (2,3) (2,1))
        (29, 15)
*Main> ratminus (29,15) (3,1)
        (-16, 15)
*Main> ratfloor (-16,15)
        -2
*Main> ratfloat (15,8)
        1.875
*Main> rateq (ratplus (1,2) (1,2)) (1, 1)
        True
```

注 20　你可能需要使用函数 fromInteger :: Integer -> a, 它将一个类型为 Interger 的数转换为类型为 a 的数。

(2) Haskell 允许使用一些特殊符号自定义中缀运算符。例如，自定义 Int 上的中缀运算 <+>:

```
(<+>) :: Int -> Int -> Int
x <+> y = x + y
```

在解释器中可以像其他中缀运算一样使用 <+>:

```
*Main> 1 <+> 2
3
```

使用下列运算符分别表示四则运算函数和相等运算: <+>、<->、<-*->、</>、<==>，并根据习惯规定其优先级。例如，

```
infix 5 <+>    -- 说明运算<+> 的优先级为 5
(<+>) :: Fraction -> Fraction -> Fraction
(a,b) <+> (c,d) = ratplus (a,b) (c,d)
infix 6 <-*->  -- 说明运算<*> 的优先级为 6
(<-*->) :: Fraction -> Fraction -> Fraction
(a,b) <-*-> (c,d) = rattimes (a,b) (c,d)
```

这样在解释器下可以计算，例如，

```
*Main> (1,3) <+> (2,1) <-*-> (2,5)
        (17, 15)
```

注意，在约定了函数名情况下，请使用给定的函数名和约定的类型，并实现约定的功能。

7. 使用 QuickCheck 测试你的四则运算函数实现是否有错误。设计一些表示运算性质的函数，并测试这些性质是否成立。例如，检查任意分数 (a,b) 加 (0,1) 结果仍然是 (a,b):

```
prop_ratplus_unit (a,b) = b>0 ==>(a, b) <+> (0,1) <==> (a, b)
```

其中，prop_ratplus_unit 是表示该性质的函数 (函数的性质名通常以 prop_打头)，函数定义中，符号 "==>" 前的 "b>0" 表示这个性质的条件。在解释器下运行:

```
*Main>quickCheck prop_ratplust_unit
+++ OK, passed 100 tests.
```

这表明，系统对 100 个随机生成的分数 (a,b) 检查该性质没有发现问题。

再例如，可以测试乘法对加法是否可分配:

```
prop_rattimes_plus_distr (a,b) (c,d) (e,f) =
    b > 0 && d > 0 && f > 0 ==>
      (a,b) <-*-> ((c,d) <+> (e,f)) <==>
    ((a,b) <-*-> (c,d)) <+> ((a,b) <-*-> (e,f))
```

第3章

列表程序设计

程序处理的输入和输出往往是同类型的一系列数据，这种数据通常称为列表，其类型也称为列表类型。因此，列表类型是一种非常重要的数据类型。本章首先介绍列表类型的构造方法以及列表函数的定义方法，然后通过几个实例进一步说明列表类型上的程序设计方法。

3.1 列表的构造

当处理的输入数据或者输出数据是同类型的一系列元素时，这些数据的类型通常被视为列表。因此，在定义有关函数时，需要用列表表达函数的输入和输出。本节介绍列表的构造方法，包括基本的列表构造函数以及根据一个列表构造另一个列表的列表概括法。

3.1.1 构造函数

一个类型的**构造函数** (constructor) 是构造该类型的元素的基本方法。例如，Bool 类型的构造函数（0 元函数）有 True 和 False，它们给出 Bool 的所有元素。

构造函数

一个类型的构造函数是定义该类型上其他函数的基础。例如，定义 Bool 上的一元否定运算 neg：

```
neg :: Bool -> Bool
neg True  = False
neg False = True
```

因为 Bool 只有两个构造函数，或者两种模式，所以定义用两个等式列出所有可能的输入值。

再例如，对于任意类型 a 和 b[①]，二元组类型 (a, b) 的构造函数是 (,)。

```
Prelude> :t (,)
(,) :: a -> b -> (a, b)
```

---

① 习惯上用 a、b、c 等表示类型变量。

二元组类型 (a,b) 的任何元素 (x,y) 都是由中缀二元运算 (,) 应用于 x 和 y 得到的，其中 x 和 y 分别是类型 a 和类型 b 的元素。例如，

```
Prelude> (,) 1.2 34
(1.2,34)
Prelude> (,) "Qiao" 60
("Qiao",60)
```

如果要定义一个函数 fst，该函数返回二元组的第一个分类，则可以如下定义：

```
fst :: (a, b) -> a
fst (x, y) = x
```

定义只用一个等式即可，因为 (a,b) 类型的任何元素都具有**模式** (x,y)。

列表的构造函数是构造列表的基本方法。

对于任意类型 a，列表类型 [a] 的元素用如下方式生成。

（1）[] 是 [a] 的空列表。

（2）如果 x 是类型 a 的元素，xs 是类型 [a] 的列表，那么 x:xs 是类型 [a] 的列表，x 称为该列表的**首元素**，xs 称为列表的**尾列表**。

[] 和 (:) 称为列表的**构造函数**，这表明列表的所有元素都是由这两个函数构造出来的。任何列表有两种**模式**——[] 或者 x:xs。

在解释器下可以查看 (:) 的类型：

```
>:t (:)
(:) :: a -> [a] -> [a]
```

例如，[Int] 类型的列表 [1,2,3] 表示首元素为 1，尾部为列表 [2,3]，因此它表示可以用 1:[2,3] 构造；同样，列表 [2,3] 可以用 2:[3] 构造，列表 [3] 可以用 3:[] 构造。事实上，[1,2,3] 是列表 1:(2:(3:[])) 的简写，表示该列表可以使用列表的两个构造函数逐步构造出来：

$$[] \text{使用构造函数 } [] \tag{3.1}$$

$$3:[] \text{基于 3.1和构造函数 } (:) \tag{3.2}$$

$$2:(3:[]) \text{基于 3.2和构造函数 } (:) \tag{3.3}$$

$$1:(2:(3:[])) \text{基于 3.3和构造函数 } (:) \tag{3.4}$$

列表的这两种模式为定义列表上的函数提供了基础。

例如，定义一个函数 isEmpty，判断任意列表是否为空：

```
isEmpty :: [a] -> Bool
isEmpty [] = True
isEmpty (x:xs) = False
```

因为列表只有两种模式，因此定义中使用两个等式列出所有可能的情况。

注 1 在函数 isEmpty 定义的第二个等式中，左面的输入列表 x:xs 外围括号不可少，否则会出现类型错误。这是因为表达式 isEmpty (x:xs) 中包含两个运算：isEmpty 后面空格表示函数的应用和构造函数 (:)，而函数应用的优先级最高，因此，省略括号后的表达式相当于 (isEmpty x):xs，将 isEmpty 应用于类型 a 的元素是类型错误，因为按照定义，isEmpty 只能应用于类型 [a] 的列表。

例 3.1 定义求列表长度的函数 length。输入是任意类型的列表，输出是列表中的元素个数。因为列表不外乎有两种模式：[] 或者 x:xs。对于前者，其元素个数为 0；对于后者，可以先计算列表尾 xs 的元素个数，然后加 1。因此，有下列递归定义：

```
length :: [a] -> Int
length []    = 0
length (x:xs) = 1 + length xs
```

length 函数定义使用了递归，两个等式分别表示了递归基和递归步。注意，递归步中右边递归调用的参数 xs 小于等式左面的参数 x:xs。这是保证列表递归函数有穷步终止计算的关键。

length 是标准库函数，其类型包含类型变量 a，即该函数可应用于任何类型的列表：

```
Prelude> length [1.0,3.2,2]
3
Prelude> length [True, True,False]
3
Prelude> length ["Hello","Haskell"]
2
```

这种包含类型变量的类型称为**多态类型**，具有多态类型的函数称为**多态函数**。标准库提供了许多列表上的多态函数，例如，返回列表首元素的函数 head，返回列表尾部的函数 tail。

例 3.2 标准库函数 head 和 tail 的定义。

```
head :: [a] -> a
head (x:xs) = x

tail :: [a] -> [a]
tail (x:xs) = xs
```

注 2 head 和 tail 这两个函数都只对非空列表有定义，因此，定义只列出一个输入为非空的模式。如果将这两个函数应用于空列表，则会引发异常错误。

例 3.3 定义一个函数 mySum，输入是一个整数列表，输出是列表中的元素之和。

函数的定义仍然对输入列表分情况考虑。如果列表为空，则结果为 0；如果列表不为空，例如 x:xs，则问题可化为计算尾部列表 xs 的元素累加和，这个计算可以通过递归完成，因此有下面定义：

```
mySum :: [Int] -> Int
mySum [] = 0
mySum (x:xs) = x + mySum xs
```

例 3.4   定义一个函数，输入一个非负整数 n 和一个整数 x，输出是 n 个 x 构成的列表。例如，输入 n=3，x=1，输出是列表 [1,1,1]。

(1) 如果输入 n=0，那么输出就是空列表。

(2) 如果 n>0，则结果列表是非空列表，其首元素是 x，其尾部是 n-1 个 x 构成的列表，后者可以用递归计算。

由此得到下列递归定义：

```
duplicate :: Int -> Int ->[Int]
duplicate 0 x = []
duplicate n x = x : duplicate (n-1) x
```

注 3   这个定义需要构造结果列表，两个等式分别使用了列表的两个构造函数，特别是第二个等式使用递归和构造函数 (:) 表达了结果列表。

注意，函数 duplicate 的第二个输入可以是任意类型的元素，以上定义仍然适用。为此，修改定义中第二个输入的类型，用一个类型变量代替，可以定义一个多态的 duplicate：

```
duplicate :: Int -> a ->[a]
duplicate 0 x = []
duplicate n x = x : duplicate (n-1) x
```

3.1.2　列表概括

列表概括

列表是一种非常重要的类型。我们经常需要用列表来表达数据，除了使用构造函数构造列表外，常常需要基于一个列表去构造另外一个列表。例如，对列表的每个元素做某种运算，从而生成了一个新的列表。例如，对于一个整数列表 [1,2,3] 的每一个元素加倍，从而得到列表 [2,4,6]。

Haskell 为这类运算提供了一种叫作列表概括的构造方法。如果 xs 是任意的整数列表，则表达式 [2*x|x<-xs] 表示将 xs 的每个元素加倍后的列表。这里 x<-xs 称为**生成器**，表示 x 取遍 xs 的每个元素。例如，

```
Prelude> xs = [1,2,3]
Prelude> [2*x | x <- xs]
[2,4,6]
```

一般地，如果 xs 是一个列表，那么表达式 [e | x <- xs] 就是一个列表，其中 e 是一个表达式，如上例中 e 表示 2*x，通常 e 包含了 x，表示将 xs 的每个元素 x 逐个代入 e 得到的元素构成的列表。

这种构造列表的方法称为**列表概括** (list comprehension)。

每当需要对一个列表的每个元素进行某种运算时，都可以考虑使用列表概括。

例 3.5　定义一个函数 triplePlus1，输入是一个整数列表，输出是对输入每个元素乘 3 加 1 后的列表。

不难给出函数的递归定义。因为这里结果列表是对输入列表进行统一的运算而得，因此可以用列表概括定义：

```
triplePlus1 :: [Int] -> [Int]
triplePlus1 xs = [3*x + 1 | x <- xs]
```

例 3.6　定义一个函数，输入是姓名和年龄二元组列表，输出是年龄的列表。例如，输入是 [("Wang Bin", 20), ("Gao Xin", 18), ("Alice",18)]，则输出是 [20,18,18]。

因为输出列表仍然是对输入列表进行同一个运算所得，因此可以用列表概括表示该函数：

```
getAge :: [(String, Int)] -> [Int]
getAge xs = [snd x |x <- xs]
```

列表概括生成器中的 x 可以是变量，也可以是模式。例如，以上例子中，列表 xs 的每个元素是二元组，因此也可以如下书写定义：

```
getAge :: [(String, Int)] -> [Int]
getAge xs = [y |(x,y) <- xs]
```

列表概括也可以表示对列表元素有选择地进行操作，只要在生成器之后加一个逗号，然后加一个类型为 Bool 的表达式 test 表示条件：[e |x <- xs, test]，表示只将 xs 中满足条件 test 的元素 x 代入表达式 e，不满足条件 test 的元素忽略。例如，[x | x <- [1..10], mod x 2 ==0] 表达了 [1..10] 中偶数构成的列表 [2,4,6,8,10]。

例 3.7　定义一个函数 triplePlus2，输入是一个整数列表，输出是对输入列表中每个奇数乘 3 加 1 后的列表，偶数元素忽略。例如，输入 [1,2,3]，输出 [4,10]。

这里结果列表仍然是对输入列表进行统一运算而得，因此可以用列表概括定义：

```
triplePlus2 xs = [3*x + 1 | x <- xs, mod x 2 == 1]
```

例 3.8　例如，定义一个函数，输入是姓名和年龄二元组列表，输出是年龄小于或等于 18 的人名列表。例如，输入是 [("Wang Bin", 20), ("Gao Xin", 18), ("Alice",18)]，则输出是 ["Gao Xin", "Alice"]。可以用列表概括表示该函数的输出：

```
getName :: [(String, Int)] -> [Int]
getName xs = [x |(x, y) <- xs, y <= 18]
```

列表概括的一般形式如下：

```
[e | x <- xs, test]
```

其中，xs 是一个列表，e 是表达式，x 是变量或者模式，test 是条件，也称为测试，它可以是类型为 Bool 的任意表达式，例如可以包含布尔运算 (&&) 和 (||) 等。测试也可以用逗号分隔开的多个条件表示，表示这些条件同时成立。

例 3.9 定义一个函数 factors，计算一个正整数的所有大于 1 的因子。

该函数的输入是一个正整数，输出就是这个正整数的所有大于 1 的因子，可以用列表表示。例如，10 的所有大于 1 的因子是 [2,5,10]。因此，函数的类型可以确定：

```
factors :: Int -> [Int]
```

结果类型是列表，构造列表的基本方法是用列表构造函数和列表概括。因为 n 的因子属于列表 [2..n]，因此考虑基于该列表构造因子的列表：对列表 [2..n] 的每个元素 i，检查 i 是不是 n 的因子。由此得到列表概括定义：

```
factors :: Int -> [Int]
factors n = [i | i <- [2..n], n 'mod' i == 0]
```

例如，

```
*Main> factors 2020
[2,4,5,10,20,101,202,404,505,1010,2020]
*Main> factors 2021
[43,47,2021]
*Main> factors 2029
[2029]
```

根据解释器中计算结果可以判断，2029 是素数，2021 不是素数。

例 3.10 定义一个函数 isPrime，判断一个正整数是不是素数。

一个素数是因子只有 1 和它本身的正整数，如 2、3、5 等。可以利用前一个函数 factors，先计算一个正整数 n 的所有大于 1 的因子，然后检查其因子是否只有 n 本身，由此判断它是不是素数。下面是函数 isPrime 的定义：

```
isPrime :: Int -> Bool
isPrime n = factors n == [n]
```

这里假定输入大于或等于 2。例如，

```
*Main> isPrime 2021
False
*Main> isPrime 2029
True
```

3.2 图书借阅管理

列表是常用的类型，特别是列表与多元组一起使用具有非常强的表达能力。本节以一个简单的图书馆借阅管理程序为例，说明多元组、列表以及列表概括的综合应用。

过去在没有计算机的年代，读者借书时需要填写借阅卡并保存在图书馆，还书时撤销相应的借阅卡。现在的任务是将这些借阅卡信息存储在计算机上，并实现计算机管理，包括增加、删除和查询借阅卡信息。

3.2.1　借阅卡的数据及其类型

这种借阅卡信息包括哪些内容呢？显然，借阅卡应该记录借阅者以及书名。为了简单起见，假定借阅卡只记录这两个数据。这样，借阅卡的数据就是表示借阅者和书名的二元组。借阅者和书名均可以用字符串表示，例如，("Alice", "A river runs through it") 表示 Alice 借阅了 *A river runs through it*。因此，借阅卡的数据类型为 (String, String)。

另外，需要存储所有借阅卡数据，用二元组的列表表示，其类型为 [(String, String)]。例如，下面是一个包含多个借阅卡的数据的例子：

```
exampleData = [("Alice", "Haskell:The Craft of Functional Programming"),
               ("Alice", "A river runs through it"),
               ("Gates", "Haskell Functional Programming"),
               ("Gates", "Python Programming") ]
```

为了便于阅读，用保留字 type 给一个类型冠以另外一个**类型别名**：

```
type Borrower = String
type Book = String
type Card = (Borrower, Book)
type DataBase = [Card]
```

这里 Borrower 实际上是 String 的别名，DataBase 实际上是列表类型 [(String, String)]。注意，类型别名要以大写字母开头。

对于这样一个数据库 DataBase，可以查阅某人借阅的图书。借了几本书，并实现借书和还书的管理。接下来需要确定这些函数的类型，并分别给出其定义。

3.2.2　图书查询

图书借阅
管理

查询某人借阅的图书函数 books，输入是某读者名以及当前保存了所有借阅卡数据的 DataBase，输出是该读者借阅的所有图书，所以，输出类型就是 Book 的列表 [Book]，函数 books 的类型为

```
books :: DataBase -> Borrower -> [Book]
```

可以通过查看 DataBase 每个卡片数据的第一个分量是不是给定的读者，并记录对应的第二个分量定义函数 books，因此可以用列表概括定义：

```
books :: DataBase -> Borrower -> [Book]
books db person = [b |(p,b) <- db, p == person]
```

例如，可以在解释器下运行：

```
*Main> books exampleData "Alice"
["Haskell:The Craft of Functional Programming",
 "A river runs through it"]
```

```
*Main> books exampleData "Bob"
[]
*Main>
```

查询显示 Bob 的借阅结果为 [], 表示 Bob 没有借阅任何图书。

3.2.3　借阅管理

借阅管理实现借书和还书操作。首先考虑借书操作。

借书函数 makeLoan 的类型是什么呢？借书时需要将新的借阅卡数据添加到现有的数据库，所以该函数的输入既包括借阅者和图书名，也包括当前的数据库。输出类型是体现了借阅完成后的新数据库，即在现有数据库上添加了新的借阅卡数据的新数据库，因此，借书函数 makeLoan 的类型为

```
makeLoan :: DataBase -> Borrower -> Book -> DataBase
```

注意，这里数据库既是输入也是输出，第一个 DataBase 表示借书前的数据库，最后一个 DataBase 表示借书完成后的数据库。

借书函数的结果是新的数据库，即在输入数据列表中添加了新的借阅二元组数据的列表，因此可以直接用构造函数 (:) 表示结果列表：

```
makeLoan :: DataBase -> Borrower -> Book -> DataBase
makeLoan db person book = (person, book) : db
```

例如，在当前的数据库 exampleData 中 Alice 借阅了 *Python Programming*：

```
*Main> makeLoan exampleData "Alice" "Python Programming"
[("Alice","Python Programming"),
 ("Alice","Haskell:The Craft of Functional Programming"),
 ("Alice","A river runs through it"),
 ("Gates","Haskell Functional Programming"),
 ("Gates","Python Programming")]
```

结果返回在原 exampleData 上添加了一条新记录 ("Alice","Python Programming") 的列表。

注 4　函数 makeLoan 的结果列表也可用列表函数 ++ 构造，它将两个列表合并成一个列表：

```
makeLoan :: DataBase -> Borrower -> Book -> DataBase
makeLoan db person book = db ++ [(person, book)]
```

同样，还书应该是在现有的数据库中把相应的读者和借阅卡删除，结果是新的数据库，因此，其类型同借书函数的类型相同。

我们可以遍历列表中每一条借阅卡数据，检查该元素是否等于还书读者和书名构成的二元组，如果相等，则删除该元素；否则保留。因此，可以用列表概括表示：

```
returnLoan :: DataBase -> Borrower -> Book -> DataBase
returnLoan db person book = [(p,b) |(p,b) <- db,
                                    (p,b) /= (person,book)]
```

例如，在当前的数据库 exampleData 中 Gates 归还了 *Python Porgramming*:

```
*Main> returnLoan exampleData "Gates" "Python Programming"
[("Alice","Haskell:The Craft of Functional Programming"),
 ("Alice","A river runs through it"),
 ("Gates","Haskell Functional Programming")]
```

结果显示在 exampleData 中删除了二元组 ("Gates","Python Programming") 的数据库。

　　注 5　类型别名为理解函数的语义及其函数的应用提供了方便。如果不使用别名，那么 returnLoan 的类型为

```
returnLoan :: DataBase -> String -> String -> DataBase
```

这里第二个和第三个输入类型都是 String，不便理解哪个表示读者，哪个表示书名。

3.3　超市购物清单

　　本节讨论超市购物清单打印问题：列出顾客购买商品的品名、单价、数量和总价信息。

　　假如一顾客购买苹果 2.5kg，单价 5.99 元/公斤，购买面包两个，单价 3.50 元/个，超市需要为顾客打印图 3.1所示的超市购物清单。

```
Name      Quantity   Price    Amount
Apple     2.50       5.90     14.97
Bread     2.00       3.50     7.00

Total     ...............    21.97
```

图 3.1　超市购物清单

　　本节将为客户购买物品设计数据类型，并按图 3.1所示方式在屏幕上打印。

3.3.1　数据类型的设计

　　顾客购买的每件商品可用一个三元组表示，如（苹果，2.5kg，单价 5.99 元/公斤），为此，可以定义如下类型分别表示商品名、数量和单价：

```
type Name     = String     -- 商品名
type Quantity = Float      -- 数量
type Price    = Float      -- 单价
```

每件商品可用三元组类型表示，例如用 Item 表示一件商品的类型，则顾客购买的所有商品可用 Item 的列表表示：

```
type Item = (Name, Quantity, Price)   -- 一件商品
type Items = [Item]                   -- 多件商品
```

例如，某顾客购买的商品为列表：

```
customer1 :: Items
customer1 = [("Apple", 2.5, 5.99), ("Bread", 2, 3.5)]
```

本节的任务是设计一个函数，将类型为 Items 的数据打印在屏幕上。

3.3.2 屏幕打印函数

将数据显示到屏幕上，使用以下函数：

```
putStrLn :: String -> IO ()
```

这个函数的输入类型为字符串 String，输出类型为 IO ()，关于这种类型将在第 7 章进一步讨论。例如，

```
Prelude> putStrLn "Hello World!"
Hello World!
```

如果要将数值类型打印在屏幕上，首先需要用 show 函数将数值转换为 String，然后再打印。例如，

```
Prelude> show 5.99
"5.99"
Prelude> putStrLn (show 5.99)
5.99
```

如果要将一个三元组打印在屏幕上，需要先将三元组转换为一个字符串，然后打印。例如，将三元组 ("Apple", 2.5, 5.99) 转换为一个字符串，然后打印：

```
Prelude> "Apple" ++" " ++ show 2.5 ++" " ++ show 5.99
"Apple 2.5 5.99"
Prelude> putStrLn ("Apple"++" "++ show 2.5 ++" "++ show 5.99)
Apple 2.5 5.99
```

注意，在转换为字符串时使用了字符串连接运算 (++)，并在两个数据之间添加了空格。

将多个串显示在屏幕不同行，需要使用函数 unlines，将字符串列表转换为一个字符串。例如，

```
Prelude> :t unlines
unlines :: [String] -> String
Prelude> unlines ["Hello World!", "Hello China!"]
"Hello World!\nHello China!\n"
Prelude> putStrLn (unlines ["Hello World!", "Hello China!"])
Hello World!
Hello China!
```

注意，unlines 在字符串列表的每个串后面添加了换行符 ('\n')，并将它们连接成一个串。

3.3.3　打印清单函数

解决复杂问题的基本方法是分步进行。例如，将三元组 ("Apple"，2.5，5.99) 打印在屏幕上分两步完成：

（1）将三元组 ("Apple"，2.5，5.99) 转换为一个字符串"Apple 2.5 5.99"。

（2）用 putStrLn 将字符串"Apple 2.5 5.99" 打印在屏幕上。

将类型为 Items 的数据打印在屏幕上，也分多步进行。以 customer1 为例，将其打印在屏幕上可以经过下列步骤完成。

（1）设计将一件商品数据转换为 String，并加上该商品的总价的函数，如将 ("Apple"，2.5，5.99) 转换为"Apple 2.5 5.99 14.97"。

（2）设计函数将客户购买的商品列表转换为对应串的列表，如将 [("Apple"，2.5，5.99)，("Bread"，2，3.5)] 转换为 ["Apple 2.5 5.99 14.97"，"Bread 2 3.5 7.0"]。考虑用列表概括完成。

（3）在上一步生成的列表上添加表头和表尾的串，形成满足格式要求的串的列表，如 ["Haskell Store"，"Name Price Quantity Amount"，"Apple 2.5 5.99 14.97"，"Bread 2 3.5 7.0"，"Total ....21.97"]。注意，这里需要设计一个能够统计总价的函数。

（4）将函数 unlines :: [String] -> String 应用于以上串的列表，得到一个符合打印格式要求的字符串。

（5）最后用 putStrLn 将以上满足格式要求的串输出。

下面分步完成各个函数的实现。

将表示一件商品的三元组 (n, a, p) 转换为字符串，包括该商品的总价：

```
formatItem :: Item -> String
formatItem (n, a, p) = n ++ spaces ++ showPre a ++ spaces ++
                       showPre p ++ spaces ++ showPre (a * p)
    where spaces = "    "
```

注意，这里使用了局部定义，用 spaces 表示适当长度的空格串。另外，为了将浮点数显示为确定的两位小数，这里使用了模块 Printf 的函数 printf[①]，保留两位小数：

[①] 使用 printf 需要导入 Text.Printf：import Text.Printf。

```
showPre :: Float -> String
showPre x = printf "%.2f" x
```

例如,

```
*HaskellStore> formatItem ("Apple", 2.5, 5.99)
"Apple    2.50    5.99    14.97"
```

将客户购买商品列表转换为字符串列表,可以用列表概括表示为 [formatItem x | x <- xs]。例如,

```
*HaskellStore> [formatItem x | x <- customer1]
["Apple    2.50    5.99    14.97","Bread    2.00    3.50    7.00"]
```

接下来定义实现第 (3) 步的函数,在前一个字符串列表上添加表头串和表尾串:

```
formatItems :: Items -> [String]
formatItems xs = header ++ [formatItem x | x <- xs] ++ [tail]
    where
    header = ["Haskell Store",
                       "Name    Quantity    Price    Amount"]
    tail = "Total ......... " ++ showPre (total xs)
```

其中,total 计算商品的总价:

```
total :: Items -> Float
total [] = 0
total ((n, a, p) : is) = a * p + total is
```

最后,将函数 unlines 和 putStrLn 依次应用于格式化后的字符串即可完成屏幕打印:

```
printItems :: Items -> IO ()
printItems is = putStrLn (unlines (formatItems is))
```

例如,

```
*HaskellStore> printItems customer1
Haskell Store
Name    Quantity    Price    Amount
Apple    2.50    5.99    14.97
Bread    2.00    3.50    7.00
Total .............. 21.97
```

3.4 一个简单图形库

本节实现一个简单的黑白字符图形模块[①],给出图形的类型定义、图形的拼接和翻转运算定义。

---

① 本节例子来自 John Hughes 教授的"函数程序设计基础"课程。

考虑黑白字符艺术图形 (ASCII Art)，如图 3.2所示，这种图形可以视为由多行字符串构成的列表。对于这样的图形，可以进行上下翻转，左右翻转，两个图形左右并排，或者两个图形上下并列等操作。如图 3.3表示图 3.2左右翻转后的图形。

图 3.2 一个简单的 Haskell 字符图

图 3.3 Haskell 字符图的左右翻转

3.4.1 图形的类型

图形库的设计

图形是一种数据。首先需要确定用什么样的数据来表示图形，这种数据的类型是什么。这里考虑简单的黑白图形，即图形由黑点和白点构成。图 3.4 表示一棵树状黑白图形及其表示。树状黑白图可以看作 6 行 9 列黑白点构成的图，因此，该图可以用 6 个字符串表示，分别对应图形的 6 行黑白点，其中黑色点用字符 # 表示，白色点用空格表示。

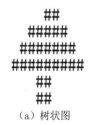

```
["    ##    ",
 "   #####  ",
 "  ####### ",
 "######### ",
 "    ##    ",
 "    ##    "]
```

(a) 树状图   (b) 树的表示

图 3.4 图形及其表示

由此定义图形的类型为字符串的列表：

```
type Line = [Char]
-- 一个字符画由多行字符串构成
type Picture = [Line]
```

注意，字符串类型 String 是字符列表类型 [Char] 的别名。

3.4.2 图形的显示

图 3.4(a)是一棵黑白树在屏幕上的显示,而图 3.4(b)是一棵黑白树的内部表示。为此, 需要设计一个将图的表示显示在屏幕上的函数。假设将该函数命名为 printPicture, 那么将该函数应用于一个黑白字符图形的表示可以在屏幕上显示相应的图。例如,

```
*MyPicture> printPicture tree
    ##
  #####
 #######
#########
    ##
    ##
```

这里 tree 是图 3.4中树的表示:

```
tree :: Picture
tree = ["    ##    ",
        "  #####   ",
        " #######  ",
        "######### ",
        "    ##    ",
        "    ##    "]
```

因此, 函数 printPicture 的类型与打印超市清单函数 printItems (见 3.3.3节) 类似:

```
printPicture :: Picture -> IO ()
```

表示图形的字符串列表中, 每个串对应图形的一行, 因此这些字符串应该依次打印在屏幕上, 每一字符串占一行。因此, 该函数的实现同函数 printItems, 需要将函数 unlines 应用于字符串列表, 然后使用 putStrLn 打印:

```
printPicture :: Picture -> IO ()
printPicture pic = putStr (unlines pic)
```

3.4.3 图形上的运算

本节考虑几种简单的图形处理函数: 上下翻转、左右翻转、上下拼接和左右拼接。图 3.5显示一棵树及其上下翻转后的效果。

用 flipV 表示实现如图 3.5所示的上下翻转函数, 则函数的输入和输出均为 Picture:

```
flipV :: Picture -> Picture
```

如果将 flipV 应用于图 3.5 (a) 的表示, 则结果应为图 3.5 (b) 的表示, 如图 3.6所示。

一个图形上下翻转后, 新的图形的第一行是原图形的最后一行, 第二行是原图形的倒数第二行, 以此类推, 也就是新图形的表示是原图形表示字符串列表的逆, 因此定义上下翻转函数为

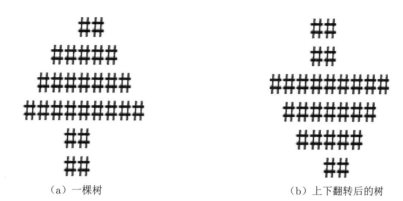

（a）一棵树 　　　　　　　　　（b）上下翻转后的树

图 3.5　图形的上下翻转

```
tree = ["    ##    ",           ["    ##    ",
        "  #####   ",           "    ##    ",
        " ####### ",            "######### ",
        "######### ",           " ####### ",
        "    ##    ",           "  #####   ",
        "    ##    "]           "    ##    "]
```

（a）一棵树的表示tree 　　　　（b）flipV tree：上下翻转后的树表示

图 3.6　图形表示的上下翻转

```
flipV :: Picture -> Picture
flipV pic = reverse pic
```

其中，`reverse :: [a] -> [a]` 是预定义函数，即对列表取逆。例如，

```
Prelude> reverse [1,2,3]
[3,2,1]
Prelude> reverse ["Hello","Haskell"]
["Haskell","Hello"]
Prelude> reverse "Haskell"
"lleksaH"
```

图 3.7表示字符图水平翻转效果及其表示。

可以看出，一个图形左右翻转后，新图形的第一行是原图形表示第一行的逆，第二行是原图形第二行的逆，以此类推。因此，可以通过对输入列表的每个字符串依次逆转实现左右翻转。这种操作可以用列表概括表示，因此，左右翻转可以定义如下：

```
flipH :: Picture -> Picture
flipH pic = [reverse line | line <- pic]
```

注意，reverse 是一个多态函数，可应用任意类型的列表。在 flipV 定义中，reverse 应用于字符串列表，而这里 reverse 应用于字符串，但是，字符串仍然是列表，因为 String 是 [Char] 的别名。

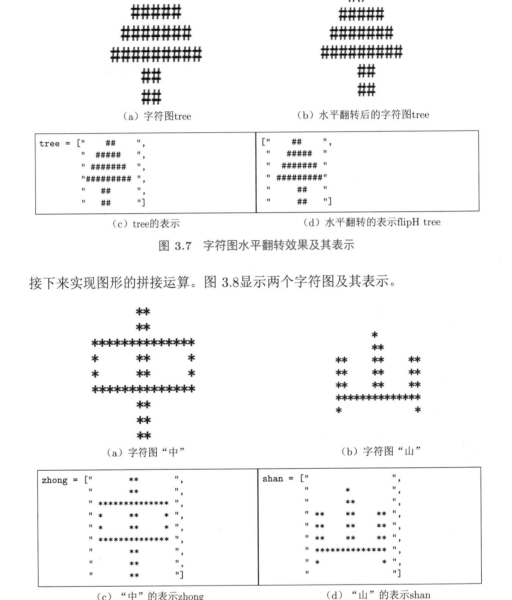

（a）字符图tree　　　　　　　　　（b）水平翻转后的字符图tree

```
tree = ["    ##    ",          ["    ##    ",
        "   ####   ",           "   #####  "
        "  ######  ",           "  ####### "
        "######### ",           " #########"
        "    ##    ",           "    ##    "
        "    ##    "]           "    ##    "]
```

（c）tree的表示　　　　　　　　　（d）水平翻转的表示flipH tree

图 3.7　字符图水平翻转效果及其表示

接下来实现图形的拼接运算。图 3.8显示两个字符图及其表示。

（a）字符图"中"　　　　　　　　　（b）字符图"山"

```
zhong = ["      **      ",         shan = ["              ",
         "      **      ",                 "       *      ",
         "**************",                 "      **      ",
         "*     **     *",                 "**    **    **",
         "*     **     *",                 "**    **    **",
         "**************",                 "**    **    **",
         "      **      ",                 "**************",
         "      **      ",                 "*           *",
         "      **      "]                 "              "]
```

（c）"中"的表示zhong　　　　　　　　（d）"山"的表示shan

图 3.8　两个字符图及其表示

假设用 above 表示将两个图形上下拼接的函数，则 above 具有以下类型：

```
above :: Picture -> Picture -> Picture
```

图 3.9显示两个图形 zhong 和 shan 上下拼接的效果及其表示。

可见，两个图形的上下拼接后得到的新图形，就是将两个图形表示的列表串接起来，因此，

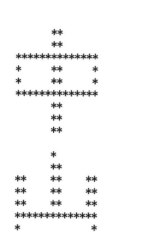 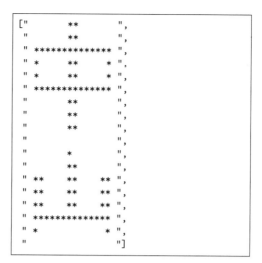

（a）"中"和"山"上下拼接的图形　　　　（b）上下拼接above zhong shan的表示

图 3.9　两个图形的上下拼接效果及其表示

```
above :: Picture -> Picture -> Picture
above p q = p ++ q
```

图 3.10显示两个图形的左右拼接效果及其表示。

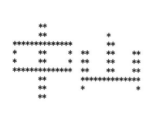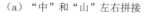 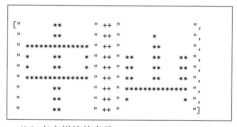

（a）"中"和"山"左右拼接　　　　（b）左右拼接的表示：sideBySide zhong shan

图 3.10　字符图的左右拼接

两个图形左右并列起来的图形，其第一行是两个图形第一行的串接，第二行是两个图形第二行的串接，以此类推。为了将两个拼接图形的第一行串接，第二行串接，直至最后一行串接，需要使用一个函数 zip :: [a] -> [b] -> [(a, b)]，它将两个列表的对应元素配对，返回二元组的列表。例如，

```
Prelude> zip [1,2,3] [4,5,6]
[(1,4),(2,5),(3,6)]
Prelude> zip ["11","22","33"] ["44","55","66"]
[("11","44"),("22","55"),("33","66")]
```

因此，实现 zhong 和 shan 的左右拼接，可以先构造二元组列表 zip zhong shan，然后逐个将该列表中二元组的两个字符串分量用 (++) 串接成一个字符串，故左右拼接可用列表概括定义如下：

```
sideBySide :: Picture -> Picture -> Picture
sideBySide p q = [line1 ++ line2 | (line1, line2) <- zip p q]
```

3.4.4 图形模块及其应用

将以上的字符图形类型定义及其图形处理函数存储在一个脚本中，由此形成一个简单的可供其他用户使用的图形函数库：

```
module Pictures(
    Picture,
    printPicture, -- :: Picture -> IO ()
    flipV,       -- :: Picture -> Picture
    flipH,       -- :: Picture -> Picture
    above,       -- :: Picture -> Picture -> Picture
    sideBySide,  -- :: Picture -> Picture -> Picture
    tree, zhong, shan -- :: Picture
    ) where

type Line = [Char]
type Picture = [[Char]]
-- 以下是函数的定义，这里略去
```

注意，该模块的模块名为 Pictures，其中括号中列出模块输出的类型和函数。另外，该模块需要存储在脚本 Pictures.hs 中。

现在用户可以利用模块 Pictures 进行图形处理或者构造新的图形。例如，用户可以利用 Pictures 输出的 tree 构造一个三棵树平行构成的图形 threeTrees（见图 3.11）：

```
module MyPicture where
import Pictures
threeTrees :: Picture
threeTrees = tree `sideBySide` (tree `sideBySide` tree)
```

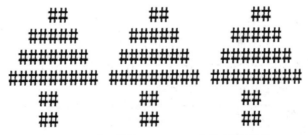

图 3.11 利用模块 Pictures 构造新的图形

用户还可以基于 Pictures 的运算构造其他图形运算。例如，基于一个图形 pic 构造一个拼接图形：在图形 pic 的右侧拼接 pic 的左右翻转图形，在下面分别拼接它们的上下翻转图形。例如，将该运算命名为 square，那么将 square 应用于 tree 可以得到如图 3.12所示效果。square 的定义留作习题。

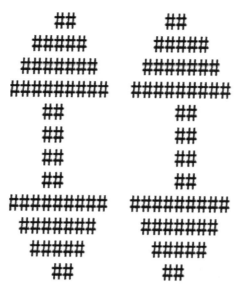

图 3.12　运算 square 应用于 tree 的图形

3.5　习题

1. 定义一个函数 isIn，第一个输入是整数 x，第二个输入是整数列表 ys，输出结果是一个布尔值：如果 x 在 ys 中出现，则结果是 True，否则结果是 False。

2. 定义一个函数 sumSquare，输入是一个整数列表，输出是输入列表中所有整数平方的和。请分别给出函数的递归定义和列表概括定义。

3. 定义一个函数，输入是一个正整数 n，输出是 $1^2 + 2^2 + \cdots + n^2$。

提示：可以基于列表 [1..n]，然后使用前一个习题定义的函数求和。

4. 给定任意正整数 n，求不超过 n 的所有素数。

5. 列表概括可以使用多个产生式。请计算下列列表概括表达式的值：

(1) [(x, y) | x <- [1..n], y<- [1..n]]

(2) [(x, y) | x <- [1..n], y<- [x..n]]

(3) [(x, y, z) | x <- [1..n], y<- [x..n], z<- [y..n]]

6. 一个整数三元组 (x, y, z) 如果满足 $x^2 + y^2 = z^2$，则称 (x, y, z) 为毕达哥拉斯三元组。试定义一个函数

```
triads :: Int -> [(Int, Int, Int)]
```

对于任意正整数 n，triads n 给出所有分量介于 [1..n] 区间的毕达哥拉斯三元组。例如，

```
> triads 5
[(3,4,5), (4,3,5)]
```

7. 给出 3.4.4 节所述函数 square 的定义。

8. 在 3.4.4节模块 Pictures 中添加一个将图形顺时针旋转 90° 的运算。

9. 编写一个显示放大字符串的程序。假设字符串由字母（a,b,...,z）组成，字母不分大小写。设计下列函数：

```
sayit :: String -> IO ()
```

例如，运行

>sayit "Hello"

屏幕得到如图 3.13所示的显示效果。

```
H   H EEEEE L     L          000
H   H E     L     L         0   0
HHHHH EEEEE L     L         0   0
H   H E     L     L         0   0
H   H EEEEE LLLLL LLLLL      000
```

图 3.13 "Hello" 的放大效果

为此，将该函数的实现分成下列几步。

(1) 设计每个字母的图形，例如，字母'H' 或者'h' 的图形表示如图 3.14所示。然后构造一个字母图形的列表，并按照字母顺序排列：

```
pic_a2z = [pic_a, pic_b, ..., pic_z]
```

注意，这里 "..." 需要依次填写其他字母的图形名。

```
pic_h = [" H   H",
         " H   H",
         " HHHHH",
         " H   H",
         " H   H"]
```

图 3.14 字符'H'('h') 的图形表示

(2) 构造字母到其对应图形的函数：

```
letter2pic :: Char -> Picture
```

例如，letter2pic 'h' 或者 letter2pic 'H' 均得到 pic_h。提示：可以考虑用字母的相对次序取得列表相应位置元素。模块 Data.Char 给出有关函数。

(3) 构造字符串到其对应图形的列表函数：

```
string2pics :: String -> [Picture]
```

例如，string2pics "Hello" 的结果是图形列表 [pic_h, pic_e, pic_l, pic_l, pic_o]。

（4）定义将多个图形构成的列表按照从左到右顺序拼接图形的函数：

```
concatPics :: [Picture] -> Picture
```

concatPics 是 sideBySide 的推广。例如，concatPics [pic_h, pic_e, pic_l, pic_l, pic_o]
得到如图 3.15所示的图形。

```
["H   H  EEEEE  L      L        OOO ",
 "H   H  E      L      L       O   O",
 "HHHHH  EEEEE  L      L       O   O",
 "H   H  E      L      L       O   O",
 "H   H  EEEEE  LLLLL  LLLLL    OOO "]
```

图 3.15　字符串"hello" 的表示

（5）最后利用以上定义的函数写出函数 sayit 的定义：

```
sayit str = printPicture (...)
```

多态与重载

多态和重载是程序设计中非常重要的概念。多态和重载涉及软件的重用性，也就是一个函数的定义可以用于许多不同的类型。

例如求列表长度的函数 length，这个函数可以用于不同类型的列表，称为多态函数。再例如，排序函数 sort 可以用于许多不同类型的列表，只要列表的元素中定义了如何比较大小即可。这种用同一个函数名表示许多不同类型中类似运算的函数称为重载的函数。

多态和重载为代码重用性提供保障，从而可以降低软件开发成本，提高生产效率。本章学习多态和重载的概念，特别是 Haskell 如何通过类族的概念实现重载。

4.1 多态函数

4.1.1 单态与多态

库函数 length 的类型为

```
length :: [a] -> Int
```

其中，a 称为类型变量，表示任意类型，即 length 适用于任意列表类型。例如，

```
length :: [Int]    -> Int
length :: [Float]  -> Int
length :: [Bool]   -> Int
length :: [String] -> Int
```

因此，下列表达式都是类型正确的:

```
Prelude> length [1,2,3]
3
Prelude> length [1.2,2.3,3.14]
3
Prelude> length [True,True]
2
Prelude> length "Hello!"
```

```
6
Prelude> length ["Hi", "Haskell"]
2
```

如果一个类型含有类型变量，这样的类型称为**多态类型** (polymorphic type)。具有多态类型的函数称为**多态函数** (polymorphic functions)。因此，`length` 是一个多态函数。

再例如，运算 (++) 的类型为

```
(++) :: [a] -> [a] -> [a]
```

因此，(++) 可应用于同类型的两个列表，结果仍然是同类型列表。例如，

```
Prelude> [1,2,1] ++ [3,2]
[1,2,1,3,2]
Prelude> [True,True] ++ [False]
[True,True,False]
Prelude> "Hi" ++ "Haskell"
"HiHaskell"
```

需要注意的是，(++) 两端的列表必须是相同类型的列表，否则解释器报错。例如，

```
Prelude> [1,2,1] ++ [True,False]

<interactive>:9:2: error:
    ? No instance for (Num Bool) arising from the literal '1'
    ? In the expression: 1
      In the first argument of '(++)', namely '[1, 2, 1]'
      In the expression: [1, 2, 1] ++ [True, False]
```

错误信息表示，(++) 的第一个参数 [1,2,1] 中 '1' 是数值类型，但是第二个参数列表 [True, False] 中的元素并不是数值类型（No instance for (Num Bool)）[①]。

如果一个类型中不含类型变量，则称之为**单态类型**，具有单态类型的函数是**单态函数**。例如，下面定义的函数 mymax 是一个单态函数：

```
mymax :: Integer -> Integer -> Integer
mymax x y = if x > y then x else y
```

函数 add 只能应用于两个 Integer 类型的整数，否则解释器报错。例如，

```
*Main> mymax 12 34
34
*Main> mymax 12 3.4

<interactive>:8:10: error:
    ? No instance for (Fractional Integer)
        arising from the literal '3.4'
    ? In the second argument of 'mymax', namely '3.4'
      In the expression: mymax 12 3.4
      In an equation for 'it' : it = mymax 12 3.4
```

---

① Bool 类型不是 Num 类族的实例（instance），或者说 Bool 不属于数值类型。类族和实例参见 4.2节。

错误信息表示，mymax 的第二个输入 3.4 并不是 Integer 类型。

4.1.2　多态函数举例

　　Haskell 库 Prelude 提供了大量的多态函数，包括二元组类型上的函数如 fst 和 snd，特别是列表上的多态函数，例如 head、tail、take、drop、reverse 和 zip 等。用户可以在解释器中用命令:browse 查看该模块提供的函数：

```
Prelude> :browse
(!!) :: [a] -> Int -> a
(++) :: [a] -> [a] -> [a]
...
```

　　下面以两个 Prelude 库函数为例，给出这些库函数的定义。

　　例 4.1　给出 Prelude 库函数 replicate 的定义。

　　根据 replicate 的类型 Int -> a -> [a]，不难设想该函数返回一个指定长度的列表，列表的所有元素均为第二个输入。例如，

```
Prelude> replicate 3 10
[10,10,10]
Prelude> replicate 4 True
[True,True,True,True]
Prelude> replicate 5 "Good"
["Good","Good","Good","Good","Good"]
```

　　为了避免命名冲突，将函数命名为 myReplicate。

　　函数有两个输入参数，分别记作 n 和 x，结果列表是随着第一个整数参数 n 变化的。先考虑第一个输入参数 n 的简单情况。如果 $n=0$，那么结果应该是空列表；如果 $n=1$，那么结果是第二个输出参数 x 构成的单个元素列表 $[x]$。对于一般的正整数 n，n 个 x 构成的列表可以用 x 和 $n-1$ 个 x 构成的列表用构造函数 (:) 构造出来，而 $n-1$ 个 x 构成的列表恰好是函数 myReplicate 应用于 $n-1$ 和 x 的结果，因此可以得到下面的递归定义。

```
myReplicate :: Int -> a -> [a]
myReplicate 0 x = []
myReplicate n x = x : myReplicate (n-1) x
```

　　注意，该函数只对非负整数有定义。

　　例 4.2　3.4.3 节使用了库函数 zip，试定义该函数的逆函数 unzip：

```
unzip :: [(a, b)] -> ([a], [b])
```

　　例如，

```
Prelude> zip [1,2,3] ["Haskell","Python","Java"]
[(1,"Haskell"),(2,"Python"),(3,"Java")]
Prelude> unzip [(1,"Haskell"),(2,"Java"), (3,"Python")]
([1,2,3],["Haskell","Java","Python"])
```

为了避免名字冲突，将函数命名为 myUnzip。因为函数的输入为列表，因此可以考虑用递归。如果输入为空列表，结果显然为 ([],[])。当输入为非空列表时，例如，(x, y):xys，应该考虑如何根据 myUnzip xys 的结果得到 myUnzip ((x,y):xys) 的结果。假设递归调用 myUnzip xys 的结果是列表的二元组如 (rs, ts)，那么最后的结果应该是分别将 x 和 y 添加到 (rs, ts) 的两个分量中，即 (x:rs, y:ts)。由此给出下面的定义：

```
myUnzip :: [(a,b)] -> ([a], [b])
myUnzip [] = ([],[])
myUnzip ((x,y):xys) = (x:rs, y:ts)
    where
    (rs, ts) = myUnzip xys
```

注意，这里使用了局部定义命名递归调用结果，并使用了模式匹配，直接获得递归调用结果的两个分量。

另一种可能的定义是用函数 fst 和 snd 获得递归调用结果的两个列表：

```
myUnzip :: [(a,b)] -> ([a], [b])
myUnzip [] = ([],[])
myUnzip ((x,y):xys) = (x: fst zs, y: snd zs)
    where
    zs = myUnzip xys
```

注 1　在列表递归函数定义中，要注意递归步等式左边非空列表 (x,y):xys 外部的括号不可省略，否则造成语法错误。例如，

```
myUnzip (x,y):xys = (x:xs, y:ys)
```

解释器报告错误：

```
7:1: error: Parse error in pattern: myUnzip
  |
7 | myUnzip (x,y):xys = (x : xs, y:ys)
  | ^^^^^^^^^^^^^^
Failed, no modules loaded.
```

这是因为省略括号后，函数应用优先级高于 (:)，myUnzip 将被应用于 (x,y)，这是类型错误。

4.2　重载

4.2.1　类族和重载

运算符重载是程序设计语言的一个重要特点。一个重载的运算符可以表示不同类型上的相似运算。例如，运算 (+) 重载后可以表示多种数值类型上的加法，尽管它们在这些类型上的实现可能不同。如果查看运算"+"的类型，则有

多态和
重载

```
Prelude> :t (+)
(+) :: Num a => a -> a -> a
```

这里 (+) 的类型包含了类型变量 a，但是与多态类型不同的是，这里的变量 a 并不是任意类型，而是满足约束 Num a 的类型，它表示 a 可以是任何数值类型，如 Int、Integer、Float 和 Double 等，即不同数值类型的加法运算虽然实现不同，但是均可以使用同一个运算符。换言之，同一个运算符号可以表示某一类型（不是任意类型）上的相似运算。这种现象称为**重载** (overloading)，称 (+) 是重载的运算符。重载运算的类型中包含类型变量约束符号 “=>”，符号后面是类型，前面表示对类型变量的约束。例如，约束 “Num a” 表示类型变量 a 必须是 Num 的一个**实例** (instance)，这里 Num 称为一个**类族** (class)。

事实上，重载在 Haskell 中是很普遍的现象。例如，查看 2 的类型：

```
Prelude> :t 2
2 :: Num a => a
```

它表示 2 是一个重载的符号，其类型可以是任何数值类型，它既可以表示 Int 类型的 2，也可表示 Float 类型的 2。

进一步在解释器中可以用命令 :i（information）查看 **Num 类族**（数值类族）的信息，如图 4.1 所示。

```
Prelude> :i Num
class Num a where
  (+) :: a -> a -> a
  (-) :: a -> a -> a
  (*) :: a -> a -> a
  negate :: a -> a
  abs :: a -> a
  signum :: a -> a
  fromInteger :: Integer -> a

instance Num Word -- Defined in 'GHC.Num'
instance Num Integer -- Defined in 'GHC.Num'
instance Num Int -- Defined in 'GHC.Num'
instance Num Float -- Defined in 'GHC.Float'
instance Num Double -- Defined in 'GHC.Float'
```

图 4.1　Num 类族的信息

在图 4.1 中，class Num 表示 Num（数值）是一族类型，这族类型支持 (+)、(-)、(*) 和 negate 等运算，而且 Int、Integer、Float、Double 和 Word 都是这族类型的**实例** (instance)，也就是说，这些类型均支持以上运算。

注 2　图 4.1 中的信息也可以这样理解：Num 是一些类型构成的集合 (class)，其成员 (instance) 包括 Word、Integer、Int、Float 和 Double，每个成员类型均支持 (+)、

(-)、(*) 和 negate 等运算。

Haskell 大量使用重载机制，许多函数都是重载的，例如，sum 是一个重载的函数：

```
Prelude> :t sum
sum :: Num a => [a] -> a
Prelude> sum [1,2,3]
6
Prelude> sum [1.2,2.3,3.4]
6.9
```

4.2.2 常用的已定义类族

Haskell 提供了许多预定义类族。在解释器中用命名:i 可以查看每个类族的信息，包括每个类族支持的一组运算，以及该类族的实例。这里列出 Haskell 预定义的几个常用类族。

1. Show 类族

Show 类族（显示类族）为显示一个值提供了方法，该方法将任何类型的值转换为串：

```
class Show a where
    show :: a -> String
```

基本类型、二元组类型和列表类型均为 Show 的实例。例如，

```
Prelude> show 123
"123"
Prelude> show True
"True"
Prelude> show (1,2)
"(1,2)"
Prelude> show [1,2]
"[1,2]"
```

Haskell 提供了一个将任意 Show 类族实例数据打印到屏幕的重载函数 print：

```
Prelude> :t print
print :: Show a => a -> IO ()
Prelude> print (1,2)
(1,2)
Prelude> print [1,2,3]
[1,2,3]
```

注 3 一个类型可以属于多个类族，或者说，一个类型可以是多个类族的实例。例如，Int 既属于 Num 类族，也属于 Show 类族。用户也可以自定义类族，有关定义方法可参见参考文献 [2]。

2. Eq 类族

Eq 类族（相等类族）支持相等 (==) 和不相等 (/=) 运算：

```
class Eq a where
  (==) :: a -> a -> Bool
  (/=) :: a -> a -> Bool
```

其中，不相等运算 (/=) 的默认定义为相等的否定：

```
x /= y = not (x == y)
```

基本类型都是 Eq 的实例。二元组类型和列表类型也是 Eq 的实例，只要其组成类型是 Eq 的实例。例如，

```
Prelude> 1.0 == 1
True
Prelude> True /= False
True
Prelude> (1,2) == (2,1)
False
Prelude> [1,2] == [1,2,2]
False
Prelude> [1,2] == [2,1]
False
Prelude> [1,2] /= [2,1]
True
```

3. Ord 类族

Ord 类族（序类族）是 Eq 类族的扩展，即在支持相等比较的基础上，进一步支持常用的先后次序比较运算，其定义如下：

```
class Eq a => Ord a where
  compare :: a -> a -> Ordering
  (<) :: a -> a -> Bool
  (<=) :: a -> a -> Bool
  (>) :: a -> a -> Bool
  (>=) :: a -> a -> Bool
  max :: a -> a -> a
  min :: a -> a -> a
```

即属于 Ord 类族的类型均支持以上列出的运算，包括 Eq 的相等和不相等比较运算。基本类型都是 Ord 的实例。例如，

```
Prelude> 1.2 < 2.3
True
Prelude> 2.3 >= 1.2
True
Prelude> "Hi" <= "Hello"
```

```
False
Prelude> (1,2) <= (2,1)
True
```

定义中的 compare 是基本运算，其他比较运算可以用 compare 定义。类型 Ordering 包含三个元素 LT、EQ 和 GT（就像 Bool 包含两个元素 True 和 False 一样），分别表示 compare x y 的结果是"小于""等于"或者"大于"。例如，在解释器中计算：

```
Prelude> compare 1 2
LT
Prelude> compare 1 2
LT
Prelude> compare 2 1
GT
Prelude>
```

因此，默认的"<"和"<="等比较运算可以用 compare 表示：

```
x < y = compare x y == LT
x <= y = compare x y == LT || compare x y == EQ
```

Haskell 提供了许多只涉及比较运算的重载函数，例如，列表求最大值的函数：

```
Prelude> :t maximum
maximum ::  Ord a => [a] -> a
Prelude> maximum [2,3,4,5,1,21,19]
21
```

再例如，模块 Data.List 提供了排序函数 sort，该函数适用于任何可比较大小的列表：

```
Prelude> import Data.List
Prelude Data.List> :t sort
sort :: Ord a => [a] -> [a]
Prelude Data.List> sort [3,2,1,3,2,4,5]
[1,2,2,3,3,4,5]
Prelude Data.List> sort [(2,1),(1,2),(3,2),(2,4)]
[(1,2),(2,1),(2,4),(3,2)]
```

4. Read 类族

Read 类族（解析类族）支持的基本运算是 read：

```
read :: Read a => String -> a
```

该函数 read 可以理解为 show 函数的反函数，它将一个字符串转换为需要的类型，例如 read "12":: Int 是整数 12，read "1.2":: Float 是实数 1.2，read "True" :: Bool 是布尔值 True。可以将 read 转换后的值用于表达式中，例如，

```
Prelude> (read "1.2" :: Float) * 10
12.0
Prelude> fst (read "(1,2)" :: (Int,Int))
1
Prelude> tail (read "[1,2]"::[Int])
[2]
```

需要注意的是，read 是一个重载的函数，对于一个字符串实参，存在多种解读方法，因此，使用 read 函数时，必须在表达式后面加上合适的类型说明，以便选择相应的解析方法，否则解释器报"无解析结果"（no parse）。例如，

```
Prelude> read "12.3"
*** Exception: Prelude.read: no parse
Prelude> read "12.3" ::Int
*** Exception: Prelude.read: no parse
Prelude> read "12.3" ::Float
12.3
```

此外，使用 read 需要保证对实参能够解析成功，否则同样报错：

```
Prelude> read "12.3kg" ::Float
*** Exception: Prelude.read: no parse
```

为了保证程序安全运行，可能需要更安全的解析方法，如模块 Text.Read 提供的 readMaybe 或者 readEither，在此不做进一步介绍。

4.2.3 重载函数举例

仔细查看 4.1.1节定义的单态函数 mymax：

```
mymax :: Integer -> Integer -> Integer
mymax x y = if x > y then x else y
```

函数定义中只要求两个输入类型支持大于比较运算，因此，该函数定义应该适用于任何支持比较运算 > 的类型。为此，可以将该函数的输入类型扩展到 Ord 类族的任意实例，由此得到重载的 mymax：

```
mymax :: Ord a => a -> a -> a
mymax x y = if x > y then x else y
```

注意，定义中只修改了类型，定义不变，但是修改后的重载 mymax 可应用于 Ord 的任何实例，例如，

```
*Main> mymax 12 34
34
*Main> mymax 1.2 3.4
3.4
```

下面以查找和排序为例，给出几个重载函数的定义。

1. 查找函数

判断一个元素是否在一个列表中出现称为查找问题。Haskell 为此提供了库函数 elem。下面给出该函数的定义。

例 4.3　定义下面类型的函数 isElem:

```
isElem :: Int -> [Int] -> Bool
```

函数判断一个整数是否在一个列表中出现，例如，

```
*Main> isElem 1 []
False
*Main> isElem 1 [2,1,3]
True
*Main> isElem 1 [2,2,3]
False
```

计算 isElem x xs 的方法：依次查看第二个输入列表 xs 的每个元素，如遇到与 x 相等的元素，则返回 True，否则继续查找。如果 xs 中所有元素都不等于 x，则返回 False。因此，可以在第二个输入列表上递归定义：

```
isElem :: Int -> [Int] -> Bool
isElem x [] = False
isElem x (y:ys)
    | x == y    = True
    | otherwise = isElem x ys
```

从定义可见，该函数只用到相等比较 (==)，因此，isElem 应该适用于任何支持相等运算的类型，只需要将其类型扩展，即可得到重载的 isElem，定义不变：

```
isElem :: Eq a => a -> [a] -> Bool
isElem x [] = False
isElem x (y:ys)
    | x == y    = True
    | otherwise = isElem x ys
```

事实上，标准库函数 elem 便是这样定义的。

2. 插入排序

对于一个同类型元素的序列，常常需要将这些元素按照从小到大的方式重新排列。这种问题称为**排序问题**。例如，对整数序列的排序：输入是 [2,1,3,2,5]，输出应为 [1, 2, 2, 3, 5]。排序方法有多种。下面以插入排序和快速排序为例，给出排序函数定义。

插入排序方法用不断将一个元素插入有序列表的方法实现排序。以整数序列排序为例。

（1）如果输入是空序列，则输出也是空序列。

（2）如果输入为 x:xs，则可以先对 xs 排序，例如排序结果是 ys，然后将 x 插入 ys 的适当位置。例如，输入为 [2,1,3,2,5], x = 2, xs = [1,3,2,5]。xs 的排序结果是 [1, 2, 3, 5]，然后将 x=2 插入 [1, 2, 3, 5] 的第二个元素之前，结果为 [1, 2, 2, 3, 5]。

其中，对尾部 xs 的排序可以使用递归，将 x 插入有序列表则需要另外定义一个函数。

例 4.4 实现以上叙述的插入排序方法。

可以对输入列表递归定义插入排序。难点在于递归步的插入运算。解决的方法是将**任务分解**，单独设计一个实现插入的函数。不妨用 insert 表示插入，它将一个整数插入一个有序整数列表中，其类型为

```
insert :: Int -> [Int] -> [Int]
```

在此假设基础上，可以先写出插入排序函数 isort：

```
isort :: [Int] -> [Int]
isort [] = []
isort (x:xs) = insert x ys
   where ys = isort xs
```

现在考虑插入 insert x xs 的计算，注意第二个输入列表是从小到大有序的，仍然可以对此列表分情况讨论。

（1）如果第二个输入列表 xs 为空，则结果为 [x]。

（2）如果第二个输入列表不为空，如 y:ys，可以通过比较 x 和 y 的大小决定将 x 插入 y 之前还是 y 之后；如果 $x \leqslant y$，则 x 应插入 y 之前，结果为 x:y:ys；否则结果列表的第一个元素是 y，其尾部是将 x 插入 ys 后的有序列表，可以用递归完成。

由此得到插入函数的如下递归定义：

```
insert :: Int -> [Int] -> [Int]
insert x [] = [x]
insert x (y:ys)
   | x <= y     = x : (y:ys)
   | otherwise  = y : insert x ys
```

注 4 将一个任务分解为一些更简单的子任务，然后为每个子任务设计一个函数，最后利用这些函数解决原问题，这是程序设计常用的方法。注意，这里两个函数 isort 和 insert 在脚本中的先后关系不重要。

注意以上函数定义中，除整数的比较运算（<=）外，并没有涉及类型 Int 的其他性质，也就是说，这两个函数的定义对于输入列表的类型只要求元素可比较，或者说该类型是 Ord 的实例即可。因此，以上插入排序可以扩展为重载函数：

```
isort :: Ord a => [a] -> [a]
isort [] = []
isort (x:xs) = insert x ys
   where ys = isort xs
```

```
insert :: Ord a => a -> [a] -> [a]
insert x [] = [x]
insert x (y:ys)
    | x <= y      = x : (y:ys)
    | otherwise = y : insert x ys
```

注 5　函数 isort 定义中没有显式使用比较运算，但是其调用的函数 insert 使用了比较运算，因此，isort 的类型也需要对类型变量 a 添加约束 Ord a。如果在 isort 的类型声明中不加约束 Ord a，那么解释器会报错，因为定义中使用的 insert 需要这种约束。

3. 快速排序

同样，以整数序列的排序为例说明排序方法。

（1）如果输入为空，则输出也为空。

（2）如果输入为 (x:xs)，则以 x 为标准，将尾部 xs 划分为两部分：一部分由小于 x 的元素构造，记作 less；另一部分由大于或等于 x 的元素构成，记作 greater。

（3）分别对 less 和 greater 两个序列排序（可以用递归），则最后的排序结果便是由 less 的排序结果后接 x，再后接 greater 的排序结果。

例如，输入为 [3, 1, 2, 5, 3, 2, 6]，则以第一个元素 x=3 为标准，将尾部 [1, 2, 5, 3, 2, 6] 划分为 less = [1, 2, 2] 和 greater = [5, 3, 6]，分别对后两个序列（递归）排序，结果为 [1, 2, 2] 和 [3, 5, 6]，因此最后的排序结果为 [1, 2, 2] ++ [x] ++ [3, 5, 6]。

例 4.5　实现快速排序方法。

因为快速排序只涉及比较运算，因此，输入列表类型可以是类族 Ord 的任何实例。

根据以上快速排序方法描述，可以使用递归写下重载的快速排序函数：

```
qsort :: Ord a => [a] -> [a]
qsort [] = []
qsort (x:xs) =  qsort less ++ [x] ++ qsort greater
    where
    less    = [u| u<- xs, u < x]
    greater = [u| u<- xs, u >= x]
```

4.3　习题

1. 试给出库函数 reverse 的定义。为了避免命名冲突，可以将你的函数命名为 myReverse。

2. 试给出库函数 splitAt 的定义。为了避免命名冲突，可以将你的函数命名为 mySplitAt。

3. 试给出库函数 zip 的定义。为了避免命名冲突，可以将你的函数命名为 myZip。

4. 试给出如下类型的查找函数：

```
find :: Int -> [(Int, String)] -> [String]
```

find x xs 将返回 xs 中第一个分量等于 x 对应第二个分量构成的列表。例如,

```
*Main> find 2021 [(1980,"Haskell"), (1990,"Python"),(1990,"Java")]
[]
*Main> find 1980 [(1980,"Haskell"), (1990,"Python"),(1990,"Java")]
["Haskell"]
*Main> find 1990 [(1980,"Haskell"), (1990,"Python"),(1990,"Java")]
["Python","Java"]
```

试着将 find 扩展为一个重载的函数。

5. 归并排序方法如下。

(1) 如果输入为空列表或者只有一个元素, 则输出就是输入 (已经有序)。

(2) 如果输入 xs 不为空, 将 xs 从中间拆分为两个子列表 xs1 和 xs2。

① 将 xs1 和 xs2 分别排序, 例如排序结果分别是有序列表 ys1 和 ys2。

② 将有序列表 ys1 和 ys2 合并成一个有序列表, 这便是 xs 的排序结果。

请实现最后一步将两个有序列表合并为一个有序列表的函数 merge, 它将两个有序 (从小到大) 列表合并成一个有序 (从小到大) 序列:

```
merge ::  Ord a => [a] -> [a] -> [a]
```

例如, merge [2,2,3] [1,3] 的计算结果是 [1,2,2,3,3]。

注意:

(1) merge 的两个输入列表都是有序的。

(2) 因为函数定义中只涉及比较运算 < 和 <= 等, 因此可定义成重载函数。

6. 在前一个函数 merge 的基础上实现归并排序:

```
mergeSort ::  Ord a => [a] -> [a]
```

该函数将输入列表按照从小到大排序。

7. 实现一个函数, 检查给定的列表是否按照从小到大有序:

```
ordered ::  Ord a => [a] -> Bool
```

例如, [1,1,2,3]、[1.2, 2.3, 2,3] 和 ["hi", "there"] 是从小到大有序的, 但 [1,2,1,3]、[2.3,1.2,2.3] 和 ["there","hi"] 则不是从小到大有序的。

高阶函数

高阶函数是函数程序设计最重要的特性之一。所谓高阶函数就是函数的输入或者输出也是函数的函数，也可以说高阶函数表达了各种计算模式。高阶函数使得许多函数表达更简洁更灵活，而且可以大大减少了编程工作量。本章介绍常见的高阶函数以及高阶函数的应用。

5.1 函数也是数据

在函数语言中，函数是"一等公民"（first class citizen），即函数可以像其他数据一样出现在表达式中，作为其他函数的输入参数，或者作为返回值。

如果一个函数的输入参数也是函数，或者函数的结果也是函数，则称这样的函数为**高阶函数**（higher order function）。

5.1.1 map 计算模式

人们常常对一个列表的元素逐个进行某种运算，例如将一个数值列表的每个元素加倍，用列表概括表示为

高阶函数

```
Prelude> [2 * x | x <- [1..5]]
[2,4,6,8,10]
```

再例如，对一个字符串列表中每个元素求长度，得到这些串的长度列表：

```
Prelude> [length s | s <- ["Haskell", "is", "a", "functional",
"language"]] [7,2,1,10,8]
```

这些计算的共同特点是对列表的每个元素进行某种运算。我们将"某种运算"抽取出来，作为这种有共同特点计算模式的输入，由此得到一个有两个输入的计算模式：第一个输入是某个运算 f，第二个输入是一个列表 xs，其中第一个运算 f 可以应用于第二个列表 xs 的每个元素的计算：

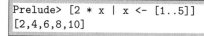

把这种计算模式称为 map，那么 map 的类型以及定义为

```
map :: (a -> b) -> [a] -> [b]
map f xs = [f x | x <- xs]
```

注 1 函数 map 的类型可以这样来推导: 假设第二个输入参数 xs :: [a], 因为第一个输入参数 f 具有函数类型, 而且可应用于 xs 中每个元素, 因此有 f :: a -> b, 最后结果为形如 f x 的元素构成 (其中 x :: a), 因此结果类型为 [b]。

计算模式 map 可以用列表概括定义, 也可以用递归定义:

```
map :: (a -> b) -> [a] -> [b]
map f []     = []
map f (x:xs) = f x : map f xs
```

我们将这种运算模式称为列表上的**映射**(map) 运算。

每当遇到这种映射运算时, 只需要给 map 函数提供相应的函数参数即可。例如, 前面用列表概括表示的计算 [2 * x | x <- [1..5]] 是一种特殊的映射运算, 可以表示为 map double [1..5], 此时 map 的类型为 (Int -> Int) -> [Int] -> [Int], 其中 double 是一个函数:

```
double :: Int -> Int
double x = 2 * x
```

同样, 计算 [length s | s <- ["Haskell", "is", "a", "functional", "language"]] 也可以写成 map length ["Haskell", "is", "a", "functional", "language"], 此时 map 的类型为 (String -> Int) -> [String] -> [Int]。

再例如, 定义判断奇偶性的函数 even:

```
even :: Int -> Bool
even x = mod x 2 == 0
```

则可将 even 映射到一个整数列表:

```
*Main> map even [2,4,5,7]
[True, True, False, False]
```

这里 map 具有类型 (Int -> Bool) -> [Int] -> [Bool]。

注 2 函数 map 的第一个参数是一个函数, 第二个参数是列表, 函数和其他数据具有相等的地位, 都可以作为其他函数的输入, 因此称函数也是数据, 函数是"一等公民"。但是, 在多数命令式程序设计语言中, 函数并非"一等公民"。

5.1.2 λ 表达式

λ 表达式是一种表示函数的方法[①]。例如, 函数 double 定义如下:

[①] λ 表达式来自 λ 演算, 它是一种计算模型, 也是 Haskell 语言的理论基础。

```
double :: Int -> Int
double x = 2 * x
```

函数定义表示：对于任意整数 x，其对应的元素是 2 * x，并将该函数命名为 double。
这个函数也可以用一个 λ 表达式表示：\x -> 2 * x，或者说这个 λ 表达式是该函数的
匿名表示[①]。例如，在解释器下可以直接用 λ 表达式表示一个函数，将其应用于合法的
输入：

```
Prelude> (\x -> 2 * x) 5
10
```

当然，也可以给这个 λ 表达式起名，如double1 = \x -> 2 * x，double1 与前面的
double 表示了同一个函数：

```
Prelude> double1 = \x -> 2*x
Prelude> double1 5
10
```

一般来说，如果一个函数 f 的定义形如

```
f :: a -> b
f x = e
```

那么这个函数 f 也可以写成f = \x -> e。

同样，多个输入的函数也可以用 λ 表达式表示。例如，\x y -> x + y 表示了一
个将两个数值相加的函数，可以将其应用于两个数值求和：

```
> (\x y -> x + y) 1 2
3
```

在使用 map 时，也可以直接用 λ 表达式表示 map 的第一个参数。例如，以上运算
中的 even 可以直接用\x -> mod x 2 == 0 表示：

```
Prelude> map (\x -> mod x 2 == 0) [2,4,5,7]
[True, True, False, False]
```

再例如，将二元组列表转换为两个分量之和的列表，也是一种映射运算：

```
Prelude> map (\ (x, y) -> x + y) [(1,2),(1,4),(1,5),(1,7)]
[3,5,6,8]
```

注意，上面 λ 表达式表示的函数输入是二元组，因此 λ 表达式的参数直接使用了
二元组模式。也可以将该函数表达为\xy -> fst xy + snd xy。

[①] 在 λ 演算中，double = λx.2x。

常用高阶
函数

5.2 常用高阶函数

本节介绍一些常见的计算模式以及相应的高阶函数。

5.2.1 折叠计算模式 foldr

首先观察两个函数 sum 和 product，对于一个数值列表 xs，sum xs 返回列表 xs 元素的累加和，product xs 返回 xs 元素连乘之积。两个函数的定义如下：

```
sum :: Num a => [a] -> a
sum [] = 0
sum (x:xs) = x + sum xs

product :: Num a => [a] -> a
product [] = 1
product (x:xs) = x + product xs
```

可以发现这些计算的共同特点：将空列表对应到某个值，将非空列表的元素用某种运算连起来。例如，按照定义将 sum [1,2,3] 展开来，相当于 1 + (2 + (3 + 0))，product [1,2,3] 相当于 1 * (2 * (3 * 1))。我们也可以将这种具有共同特点的计算抽象成一个高阶函数 foldr，将对应于空列表的"某个值"和将列表元素连接起来的"某个二元运算"作为高阶函数 foldr 的两个输入参数，在不同的计算中可以取不同的值，由此得到高阶函数 foldr 的定义：

```
foldr :: (a -> b -> b) -> b -> [a] -> b
foldr op s []     = s
foldr op s (x:xs) = op x (foldr op s xs)
```

其中，s 是空列表对应的"某个值"，op 是"某个二元运算"。

注 3 函数 foldr 的类型可以这样推导：假设第二个参数 s 具有类型 s :: b，那么这也是结果的类型，因为在最简单输入情况下函数的结果是 s。假定第三个输入参数具有类型 [a]，那么第一个输入参数 op 是具有两个输入参数的函数类型，并能应用于类型 a 的元素和类型 b 的元素，结果类型同 foldr 的最后结果类型 b 相同，因此有 op :: a -> b -> b。

有了 foldr 的定义，sum 和 product 都是 foldr 的特殊情况。例如，sum 相当于 foldr (+) 0，product 相当于 foldr (*) 1：

```
Prelude> foldr (+) 0 [1,2,3,4,5]
15
Prelude> foldr (*) 1 [1,2,3,4,5]
120
```

一个需要两个参数的函数 f 可以使用反引号转换为中缀运算，例如 div 4 2 等价于 4 `div` 2。

如果在以上定义的第二个等式中将 foldr 的第一个参数使用中缀表示，则有

```
foldr op s (x:xs) = x 'op' (foldr op s xs)
```

分析 foldr 在一个列表例子的计算过程可以看出它所代表的计算模式：

```
foldr op s (x:(y:(z:[])))
  = x 'op' (y 'op' (z 'op' (foldr op s [])))
  = x 'op' (y 'op' (z 'op' s))
```

上述计算模式表明，列表中的 (:) 被运算 'op'代替，空列表被 s 代替。

5.2.2　过滤计算模式 filter

一种常见的计算模式是在列表中选出满足某种性质的元素。例如，在一个整数列表中选出其中的偶数：

```
Prelude> [x | x<- [1..5], even x]
[2,4]
```

其中，even :: Int -> Bool 是判断一个整数是否偶数的函数。

再例如，在一个串中选出其中的数字：

```
Prelude> [x | x <- "born on 15 April 1986", Data.Char.isDigit x]
"151986"
```

其中，isDigit :: Char -> Bool 是模块 Data.Char 定义的函数。

注 4　在解释器中，可以直接使用"模块名.函数名"的方式调用一个函数。

以上两种计算均具有形式 [x | x <- xs, p x]，其中，p 是某种性质。这种在一个列表 xs 上选出满足某种性质 p 的元素的计算模式称为**过滤**，用 filter 表示，其一般类型及定义如下：

```
filter ::  (a -> Bool) -> [a] -> [a]
filter p xs = [x | x <- xs, p x]
```

函数 filter 的第一个输入是类型 a -> Bool 的函数，因此，它表达了类型 a 的元素是否具有某种性质。

函数 filter 的递归定义留作习题。

5.2.3　前缀处理函数 takeWhile 和 dropWhile

函数 take 可以取得列表给定长度的前缀。有时需要在列表中取得满足某种条件的前缀子列表，即从列表的第一个元素开始，如果满足指定条件则保留，直至遇到不满足条件的元素，然后返回保留下来的满足条件的前缀子列表。例如，在字符串"Haskell Curry" 中取出第一个词，可以认为是"保留每个字母，直至遇到非字母符号"。这里的条件是"元素是字母"，它是一个类型为 Char -> Bool 的函数。

注 5　判断某种类型 a 的数据是否满足某种条件的函数具有类型 a -> Bool，或者说这种类型的函数表达了类型 a 的数据的某种性质。例如，一个字符是否大写的性质具有类型 Char -> Bool，一个整数是否素数的性质具有类型 Int -> Bool。

一般地，这种计算模式需要两个输入：一个是表示条件的函数；另一个是列表，其结果也是列表。这种函数在标准库中称为 takeWhile，其类型和定义如下：

```
takeWhile :: (a -> Bool) -> [a] -> [a]
takeWhile p [] = []
takeWhile p (x:xs)
    | p x       = x : takeWhile p xs
    | otherwise = []
```

因此，如果将在一个串中提取第一单词的函数称为 getWord，则可以用 takeWhile 定义之：

```
getWord :: String -> String
getWord s = takeWhile isAlpha s
```

其中，isAlpha 是模块 Data.Char 提供的一个函数。

类似于 drop，我们也可以按照某个条件，舍弃满足条件的元素，直至遇到不满足条件的元素，返回剩下的尾列表。这种函数在标准库中称为 dropWhile，其类型和定义如下：

```
dropWhile :: (a -> Bool) -> [a] -> [a]
dropWhile p [] = []
dropWhile p (x:xs)
    | p x       = dropWhile p xs
    | otherwise = x : xs
```

例如，如果要在 "Haskell Curry" 中取得第二个单词，可以先舍弃第一个单词，利用 dropWhile isAlpha "Haskell Curry"，得到串 " Curry"，然后再用 getWord 取得第二个单词。不过，要注意，直接使用 getWord " Curry" 并不能得到单词"Curry"，而是得到一个空串（为什么？）。为此，要得到第二个单词还需要再次舍弃前面的非字母字符，例如 dropWhile isSpace " Curry"（isSpace 是模块 Data.Char 定义的函数），然后进一步使用 getWord 得到单词"Curry"。

5.2.4　函数的复合

在数学上，如果有两个函数 $f: A \to C$ 和 $g: B \to C$，那么可以定义这两个函数的复合 $g \circ f$，它是 A 到 C 的函数，而且 $g \circ f(x) = g(f(x))$。在 Haskell 中，这个**函数复合**运算用点 (.) 表示，其类型为

```
(.) :: (b -> c) -> (a -> b) -> a -> c
```

例如，定义两个函数：

```
f :: Int -> Int
f x = 2 * x
g :: Int -> Int
g x = x + 1
```

那么 g ． f 具有类型 Int -> Int，而且 (g ． f) x 的结果是 g(f x) 或者 g (2 * x)，即 2 * x + 1，也就是复合函数 (g ． f) 应用于 x 的结果是 2*x + 1。

　　函数的复合实际上是常见的运算。例如，在 5.2.3 节定义的函数 getWord，提取一个串中的第一个单词：getWord "Haskell Curry" 的结果是"Haskell"，但是，如果输入串前面有非字母字符，则会得到空串：getWord " Curry" 为空串。这是因为 getWord 的定义实际上假定输入串的第一个词前面不含空格等非字母字符。为此，为了确保在各种情况下都能取得第一个单词，可以先使用 dropWhile 将前面的非字母字符舍弃，然后开始取第一个单词。由此得到如下第二个版本定义：

```
getWord2 :: String -> String
getWord2 s = getWord (dropSpaces s)
```

其中，dropSpace 舍弃了非字母字符，定义为

```
dropSpaces :: String -> String
dropSpaces s = dropWhile (\x -> not (isApha x)) s
```

由此可见，getWord2 是 dropSpaces 与 getWord 的复合，因此，也可直接用复函运算定义 getWords2：

```
getWord2 = getWord . dropSpaces
```

　　在函数 dropSpaces 定义中，函数参数\x -> not (isApha x) 也包含了复合运算，可以写成\x -> (not ． isApha) x，这个 λ 表达式表示的函数实际上就是函数 isAlpha 与 not 的复合，因此，dropSpaces 可以定义为 dropWhile (not ． isApha)：

```
dropSpaces = dropWhile (not . isApha)
```

　　注 6　如果一个函数 f 定义形如：

```
f :: a -> b
f x = g x
```

其中，g 是与 f 同类型的一个函数，则称 f 和 g 是两个相等的函数，并可用如下形式定义：

```
f :: a -> b
f = g
```

称这种函数的定义方式为 f 的**无参数表示**。

实际上，函数复合是人们解决问题常用的方法。例如，在定义一个函数 f :: a -> b 完成某个计算时，往往将其分解成多步计算，例如，第一步（step1）将原输入类型转换为 b1 类型的数据，第二步（step2）将第一步的结果转换为 b2 类型的数据，第三步（step3）将第二步的结果转换为 b 类型的结果，也是最后希望得到的结果。因此，函数 f 便是这三个函数的复合：

```
f :: a -> b
step1 :: a -> b1
step2 :: b1 -> b2
step3 :: b2 -> b
f x = step3 (step2 (step1 x))
```

也可以直接写成 f = step3 . (step2 . step1)。

函数复合运算是右结合的，因此，上述定义也可写成 f = step3. step2. step1。

5.2.5 卡瑞化

Haskell 中习惯将数学上的二元函数 $f : A \times B \to C$ 写成 f :: A -> B ->C。这种将一个以二元组为输入的函数转换为依次取两个输入的二元函数称为**卡瑞化**（Curried）[1]：

```
curry :: ((a, b) ->c) -> a -> b -> c
curry f x y = f (x,y)
```

例如，定义二元函数 add：

```
add :: (Int, Int) -> Int
add (x, y) = x + y
```

那么 curry add 具有类型 Int -> Int ->Int，仍然表示将两个输入相加：

```
*Main> (curry add) 1 2
3
```

相反，将类型为 a -> b -> c 的函数转换为类型 (a，b) -> c 的函数称为**去卡瑞化**（uncurry）：

```
uncurry :: (a -> b -> c) -> (a, b) -> c
uncurry f (x,y) = f x y
```

例如，uncurry (\x y -> x + y) 相当于函数 add：

```
*Main> (uncurry (\x y -> x + y)) (1, 2)
3
```

---

① 为纪念著名数学家和逻辑学家 Haskell Curry 命名，又译柯里化。

5.2.6　部分应用

在 Haskell 中可以将一个二元运算（函数）应用于一个输入。例如，(+) 是一个二元运算，通常需要将其应用于两个同类型数值。但是，也可以只为 (+) 提供一个输入，如 (+1)，其结果是类型 Int -> Int 的函数，因此，(+1) 可以进一步应用于另一个数值，结果就是给后一个数值加一：

```
Prelude> (+1) 2
3
```

因此，(+1) 相当于"加 1"函数：\x -> x + 1。

同样 (1+) 也是类型 Int -> Int 的函数：

```
Prelude> (1+) 2
3
```

一般地，如果 ⊕ 是一个二元运算符，那么给它提供左运算数 a 后，$a\oplus$ 就变成一个一元运算，这个一元运算可以进一步应用于一个值 b，结果就是 $a \oplus b$。

这种将一个多元函数应用于部分输入的现象叫**部分应用**(section)。部分应用也构成一种表示函数的方法。例如，(1+) 就是加一函数。再例如，

```
sum xs = foldr (+) 0 xs
```

也可以只给 foldr 提供前两个输入：foldr (+) 0，它表示函数 sum，是 sum 的无参数表示。

一般地，一个多元函数可以应用于它的前几个输入，形成部分应用。例如，假设 f :: Int -> Bool -> Int -> Bool，那么 f 可应用于第一个输入类型的值，如 f 3，它是类型为 Bool -> Int -> Bool 的函数。同样 f 3 可以应用于一个类型 Bool 的值，如 f 3 True，它是一个类型为 Int -> Bool 的函数。

在 Haskell 中，函数通常用卡瑞化的形式定义，这为使用部分应用表达函数提供了方便。

5.3　词频统计

词频统计

通常在设计完成一个计算任务的方法时，将计算任务分成多步进行，每一步的输出是下一步的输入，每一步设计一个函数完成，最后这些函数的复合构成最终解。本节以词频统计为例，说明如何使用任务分解、步骤复合和高阶函数解决问题。

5.3.1　问题分析及解决步骤

给定一个多行文本串，例如"hello clouds\n hello sky\n"，要求统计所有单词及其出现次数，并按照单词字典序排列打印在屏幕上。例如，

```
clouds:1
hello:2
sky:1
```

对于一个计算任务，首先分析输入数据类型和输出数据类型。这个问题的输入是字符串，那么输出是打印在屏幕上的词频统计数据。实际上，这个计算任务的关键是统计所有单词出现的次数，将这些数据打印在屏幕上可以仿照 3.3.3 节的打印清单函数完成。因此，首先考虑输出数据是所有单词及其出现次数。对于前面的输入例子，期望的输出形如

[("clouds",1),("hello",2),("sky",1)]，

因此核心计算任务的类型为 String -> [(Sting, Int)]。

以输入"hello clouds\n hello sky\n" 和输出 [("clouds",1),("hello",2),("sky",1)] 为例，将计算任务分成下列步骤。

（1）提取输入串的所有单词，结果是所有单词的列表：

["hello","clouds","hello","sky"]

为此，设计一个类型 String -> [String] 的函数。

（2）将单词列表排序，这样相同的单词应该连续排列，由此得到所有单词的有序列表，如 ["clouds","hello","hello","sky"]。为此，需要一个类型为 [String] -> [String] 的排序函数。

（3）将有序单词列表中相同的单词组织成一个列表，由此得到一个新的列表，其中每个元素是相同单词构成的列表：

[["clouds"],["hello","hello"],["sky"]]

为此，需要一个类型为 [String] ->[[String]] 的函数。

（4）将上一步结果列表中每个元素（同一个单词构成的列表）转换为该单词及其出现次数的二元组，如 [("clouds",1),("hello",2),("sky",1)]。这一步是一个 map 计算模式，可以用 map 完成。

以上步骤完成了核心计算任务。接下来为每一步设计相应的函数。

5.3.2　设计分步函数

在设计完成一个计算任务时，首先考虑使用已有的库函数，其次考虑自定义函数。事实上，每一种程序设计语言都提供了许多完成不同类型任务的库函数。特别是，对于常见的计算任务，都存在预定义的库函数。

对于 5.3.1 节第（1）步，在 hoogle 查找发现存在多个类型 String -> [String] 的函数，其中 words 是解决该问题的预定义函数。

对于 5.3.1 节第（2）步，模块 Data.List 提供了重载排序函数 sort :: Ord a => [a] -> [a]，可以解决单词排序问题，因为 String 是 Ord 的实例。

对于 5.3.1 节第（3）步，Data.List 提供了重载函数 group::Eq a => [a] -> [[a]]，将列表中连续相等的元素组织成子列表。例如，

```
*Main> Data.List.group ["clouds","hello","hello","sky"]
[["clouds"],["hello","hello"],["sky"]]
```

注意，在脚本中使用 group 需要导入模块 Data.List。在解释器中也可以在 group 之前添加模块名直接使用。

对于 5.3.1 节第（4）步，只需要为 map 提供第一个函数参数，该函数将 ["clouds"] 转换为 ("clouds",1)，将 ["hello","hello"] 转换为 ("hello",2) 等等，其中结果二元组的第一个分量是输入列表的第一个字符串，第二个分量是输入列表的长度。因此，可以用 λ 表达式\ws -> (head ws, length ws) 表示。

以上步骤基本上均使用了库函数。这些步骤的自定义函数留作习题。

5.3.3 步骤的复合

假设完成词频统计核心计算任务的函数为 countWords，那么该函数可以通过依次调用各个步骤函数定义：

```
countWords :: String -> [(String, Int)]
countWords line = map (\ws -> (head ws, length ws))
                      (group (sort (words line)))
```

这种依次调用各个步骤函数是典型的函数复合模式，也就是说，countWords 是以上 4 个步骤函数的复合：

```
countWords :: String -> String
countWords = map (\ws -> (head ws, length ws)) .
             group . sort . words
```

注意，其中map (\ws -> (head ws, length ws)) 是一个部分应用表示的函数。

在 countWords 的基础上，可以设计将列表 [(String, Int)] 按照格式打印的函数：

```
printWords :: [(String, Int)] -> IO ()
printWords = putStrLn .
             unlines .
             formatWords
```

这里 formatWords 将类型 [(String, Int)] 的列表按照要求格式化：

```
formatWords :: [(String, Int)] -> [String]
formatWords ws = map (\(w,c) -> w ++ ":" ++ show c) ws
```

最后，将 countWords 和 printWords 复合，得到对任意文本串统计词频，并将其打印在屏幕上的函数：

```
printWordFre :: String -> IO ()
printWordFre = printWords . countWords
```

5.4　习题

1. 试用高阶函数重新定义 3.4.3 节图形上的函数。

2. 试给出 filter 的递归定义。

3. 5.3 节的词频统计没有考虑字母的大小写问题，大小写不同会统计为不同的单词。例如，

"Hello clouds \n hello sky\n" 的统计结果是

```
Hello:1
clouds:1
hello:1
sky:1
```

试着修改某些函数，使得统计过程中对大写单词均按照小写对待，统计结果仍然如下：

```
clouds:1
hello:2
sky:1
```

4. 设计函数解决高频词统计问题：对于任意一个文本串，统计各个单词出现的次数，并按照出现次数从大到小打印到屏幕上，出现次数相同时按照字典序排列。可以考虑统计不区别大小写。

5. 试用不同的方法实现词频统计。例如，使用不同的策略完成 5.3.1 节的第 (2) ~ (4) 步。例如，先统计词频，后排序：

(1) 将单词列表直接转换为单词及其出现次数二元组的列表。例如，设计函数 countFre :: [String] -> [(String, Int)]:

```
*Main> countFre ["hello","clouds","hello","sky"]
[("sky",1),("hello",2),("clouds",1)]
```

(2) 对单词及次数二元组列表排序，仍然可以用 sort 完成。

提示：countFre 可以使用递归进行。对于递归步，考虑另外设计一个将一个单词添加到词频列表的函数：

```
addWord :: String -> [(String,Int)] -> [(String,Int)]
```

```
*Main> addWord "sky" [("hello",1)]
[("sky",1),("hello",1)]
*Main> addWord "hello" [("sky",1),("hello",1)]
[("sky",1),("hello",2)]
```

6. 试用 takeWhile 和 dropWhile 给出库函数 words 的定义。

7. 试给出库函数 group 的定义。

8. 给定比较函数 comp :: a -> a -> Ordering 和列表 xs :: [a]，称 xs 按照 comp "从小到大有序"，如果对于 xs 中任意两个相邻元素 x, y（x 在 y 之前），comp x y 的值为 LT（x "小于" y）或者 EQ（x "等于" y）。

试定义一个函数，检查一个给定列表是否按照给定的比较函数从小到大有序。

```
ordered :: (a -> a -> Ordering) -> [a] -> Bool
```

例如，比较函数 compare 表达了从小到大：

```
Prelude> ordered compare [1,2,2,3]
True
```

因为，compare 1 2、compare 2 2 和 compare 2 3 的值为 LT 或者 EQ。但是，

```
Prelude> ordered compare [1,3,2]
False
```

因为将比较函数 compare 应用两个相邻元素 3 和 2 时，compare 3 2 的值是 GT。再比如，比较函数(\x y -> compare y x) 表达了从大到小：

```
Prelude> ordered (\x y -> compare y x) [3,2,2,1]
True
```

因为将比较函数(\x y -> compare y x) 应用于任意两个相邻值如 3 和 2 时：

```
Prelude> (\x y -> compare y x) 3 2
True
```

9. 在 4.2.3 节定义的排序只能将输入列表按照从小到大的方式排序。如何定义一个既能从小到大也能从大到小排序的函数呢？显然，这样的函数需要一个额外的输入，用于表达如何确定两个元素的先后次序。例如，Data.List 提供了这样的函数 sortBy，其类型为 (a -> a -> Ordering) -> [a] -> [a]。例如，

```
Prelude Data.List> sortBy (\x y -> compare x y) [2,1,3,1]
[1,1,2,3]
Prelude Data.List> sortBy (\x y -> compare y x) [2,1,3,1]
[3,2,1,1]
```

试用插入排序方法实现自己的 sortBy：

```
insertionSort :: (a -> a -> Ordering) -> [a] -> [a]
```

例如，比较运算(\x y -> compare x y) 表达了从小到大：

```
Prelude> insertionSort (\x y -> compare x y) [3,2,2,1,3]
[1,2,2,3,3]
```

而(\x y -> compare y x) 表达了从大到小（注意 x 和 y 的次序），因此，

```
Prelude> insertionSort (\x y -> compare y x) [3,2,2,1,3]}
[3,3,2,2,1]
```

提示：可以参照 isort 的定义。例如，insert 的类型变成：

```
insert :: (a -> a -> Ordering) -> a -> [a] -> [a]
```

这里不再要求 Ord a，因此不能使用比较运算 <=，而是用这里提供的类型为 a -> a -> Ordering 的第一个参数判断元素的先后次序。

代数类型

当已有的类型不足以描述或者不能准确地表达要处理的数据时，可以使用 Haskell 提供的用户自定义类型机制定义一个代数类型，描述该类型具有哪些元素，或者如何用构造函数生成该类型的元素，进一步定义该类型上的运算。本章介绍代数类型及其应用。

6.1 自定义类型

自定义
类型

6.1.1 简单有穷类型

许多时候利用系统预定义基本类型不足以刻画我们处理的数据集合。例如，如何表达一年的四季呢？如果利用 Int 类型表示，例如用 1、2、3 和 4 分别表示春、夏、秋、冬，那么 Int 类型的其他值如 12 或者 1+2 表示什么呢？如果利用字符串类型 String 表示，例如，"Spring" 表示春季，那么 String 的其他值，如字符串"Hello" 表示什么季节呢？可见，使用 Haskell 的预定义类型不足以准确地表达一年四季的 4 个数据。

Haskell 允许用户自定义类型。正如类型 Bool 恰好有两个值 True 和 False，可以定义一个恰好具有 4 个值的类型 Season：

```
data Season = Spring | Summer | Fall | Winter
```

这个定义等式左边 data 是关键字，Season 是类型名，要以大写字母开头。等号右边是该类型的 4 个值，用于表示春、夏、秋、冬 4 个季节。这 4 个值也称为类型 Season 的构造函数（0 元函数），因为它们给出了 Season 的所有值的构造方法。注意构造函数要用大写字母开头。

这种用 data 定义的类型称为**代数类型**（algebraic type）。

例 6.1 定义 Season 上的函数，计算一个季节的下一个季节。

将函数命名为 next，那么 next 的输入和输出类型均为 Season。因为 Season 共有 4 个不同的值，因此可以分别列出 4 个可能的输入值或者模式，给出下列定义：

```
next :: Season -> Season
next Spring = Summer
next Summer = Fall
next Fall   = Winter
nest Winter = Spring
```

例 6.2 在 Season 上定义一个函数, 判断广州的一个季节是否"热", 即输入是一个季节, 输出为是否"热":

将函数命名为 hot, 则输入类型为 Season, 输出类型用 Bool 表示, 不妨如下定义:

```
hot :: Season -> Bool
hot Spring = True
hot Summer = True
hot Fall   = True
hot Winter = False
```

这里也用到了构造函数模式, 即对输入的 4 个可能值分别给出结果。

因为这个定义中只有 Winter 的输出是 False, 其他三个值的输出都是 True, 因此也可以用下面更简短的定义:

```
isHot  :: Season -> Bool
isHot Winter = False
isHot _      = True
```

需要注意的是, 两个等式的次序不可颠倒, 否则该函数对任意输入的结果都是 True, 这是因为函数定义总是按照从上到下的方式匹配等式, 选择适用的等式计算结果, 而下画线表示的变量模式可以匹配任何值。

6.1.2 定义新类型为类族的实例

上面定义的类型 Season 不是任何类族的实例, 包括类族 Show 和 Eq, 因此在类型 Season 上无法直接使用 Show 的方法 show 以及 Eq 的相等比较运算 (==), 解释器在需要使用这些类族支持的函数时报错。例如, 在解释器输入 Spring 时出现错误信息:

```
*Main> Spring

<interactive>:1:1: error:
    ? No instance for (Show Season) arising from a use
                                          of 'print'
    ? In a stmt of an interactive GHCi command: print it
```

错误信息表示, 解释器需要用 print 函数显示 Spring 的值, 但是 Season 不是 Show 的实例, 因此无法用 print 函数在解释器中显示 Spring (因为 `print :: Show a => a -> IO ()`, 要求其输入类型是 Show 的实例。)。

同样, 在解释器中比较两个值是否相等也出现错误:

```
*Main> Spring == Summer

<interactive>:2:1: error:
    ? No instance for (Eq Season) arising from a use of  '=='
    ? In the expression: Spring == Summer
      In an equation for 'it': it = Spring == Summer
```

错误信息表示,在计算 `Spring == Summer` 时发现,Season 不是 Eq 的实例,因此不支持相等比较运算。

用户可以将 Season 定义为类族 Show 的**实例**(instance),说明 Season 如何支持类族 Show 要求的 show 函数。定义方式如下:

```
instance Show Season where
    show Spring = "Spring"
    show Summer = "Summer"
    show Fall   = "Fall"
    show Winter = "Winter"
```

这里使用了构造符串显示各个值。对于这种机械定义的 show 函数,用户可以用 deriving 让系统自动生成:

```
data Season = Spring | Summer | Fall | Winter deriving Show
```

注 1 实例定义用关键字 `instance` 开始,后面依次是类族名 Show,类型名 Season 和关键字 `where`,接下来另起一行定义 Season 成为类族 Show 实例必须支持的函数 `show :: Season -> String`,定义要缩进左对齐(不需要写类型声明)。

如果不希望这样显示 Season 的值,例如秋季(Fall)用"Autumn"显示而不是"Fall",则可以自定义 Season 上的 show 函数:

```
instance Show Season where
    show Spring = "Spring"
    show Summer = "Summer"
    show Fall   = "Autumn"
    show Winter = "Winter"
```

按照这样的自定义实例,解释器将用"Autumn"显示 Fall:

```
*Main> Fall
Autumn
```

在这种情况下,需要删除类型定义中的 `deriving Show`,表明不使用系统自动生成定义。否则,系统不清楚使用哪个 show 函数显示数据,报告歧义错误:"Duplicate instance declarations"。

也可以自定义 Season 为 Eq 的实例,说明在 Season 上如何比较相等。系统自动生成的相等比较如下:

```
instance Eq Season where
    Spring == Spring = True
    Summer == Summer = True
    Fall   == Fall   = True
    Winter == Winter = True
    _      == _      = False
```

即每个值仅跟自己相等。最后一个等式表示其他可能的 12 比较情况结果都是 False。这也是通常相等比较的定义，因此可以用 deriving 自动生成，无须给出显式定义：

```
data Season = Spring | Summer | Fall | Winter deriving (Show,Eq)
```

6.1.3　无穷类型

如何定义一个有无穷多个值的类型呢？例如，定义一个类型，该类型的值表示不同大小的圆球。因为圆球的大小可以用半径表示，因此，任意给定一个半径，都可以确定一个圆球。为此，可以用下面的定义刻画不同大小的圆球的类型：

```
data Ball = MakeBall Float deriving (Show, Eq)
```

这个类型的名为 Ball，其构造函数为 MakeBall：

```
*Main> :t MakeBall
MakeBall :: Float -> Ball
```

类型 Ball 包含无穷多个元素，每个元素都是通过构造函数 MakeBall 应用于一个表示半径的实数构造出来的。例如，`MakeBall 3.5` 就是 Ball 的一个元素，表示半径为 3.5 的圆球：

```
*Main> :t (MakeBall 3.5)
MakeBall 3.5 :: Ball
```

现在可以进一步定义 Ball 上的函数。例如，定义计算一个圆球体积的函数 volume：

```
volume :: Ball -> Float
volume (MakeBall r) = (4/3) * pi * r^3
```

对应 Ball 的任意元素，可以计算其体积，例如，

```
*Main> volume (MakeBall 3.5)
179.59439
```

注 2　在代数类型 Ball 定义中，类型构造函数 MakeBall 后接其输入参数类型 Float，结果类型便是定义中的类型 Ball，因此构造函数 MakeBall 的类型为 `Float -> Ball`。

假如要定义一个包含不同大小圆和不同大小长方形的类型 Shape。因为一个圆可以用其半径刻画，因此可以引入一个构造圆的构造函数 Circle。一个长方形可以用长和宽表示，因此可以进一步引入一个构造长方形的构造函数 Rectangle，类型 Shape 的所有元素均可以用这两个构造函数构建：

```
data Shape = Circle Float | Rectangle Float Float
                            deriving (Show,Eq)
```

注意，Shape 现在有两个构造函数 Circle 和 Rectangle，构造函数后接它们的输入参数类型，结果类型均为 Shape：

```
*Main> :t Circle
Circle :: Float -> Shape
*Main> :t Rectangle
Rectangle :: Float -> Float -> Shape
```

将 Circle 应用于一个表示半径的实数可以构造 Shape 的一个元素，如 Circle 3.5 表示一个半径为 3.5 的圆。将 Rectangle 应用于两个实数可以构造 Shape 中表示一个长方形的元素，如 Rectangle 4.5 2.0 表示长为 4.5、宽为 2.0 的长方形。

现在可以定义 Shape 上的函数，例如，计算任意形状面积的函数 area：

```
area :: Shape -> Float
area (Circle r) = pi * r^2
area (Rectangle a b) = a * b
```

定义中使用了两个等式，分别表示 Shape 的两种可能的模式：Shape 的每个元素要么是形如 Circle r 的元素，要么是形如 Rectangle a b 的元素。例如，在计算 area (Circle 3.5) 时，实参与定义第一个等式的形参模式匹配成功，3.5 绑定给形参 r，结果是：

```
*Main> area (Circle 3.5)
```

在计算 area (Rectangle 4.5 2.0) 时，实参与定义第二个等式的形参模式匹配成功，4.5 和 2.0 分别绑定给形参 a 和 b，结果是：

```
38.484512
*Main> area (Rectangle 4.5 2.0)
9.0
```

目前看到的自定义代数类型具有如下形式：

```
data Typename = Con1 t11 t12 ... t1k
              | Con2 t21 t22 ... t2r
              ...
              | Conn tn1 tn2 ... tns
```

其中，Typename 是类型名（大写字母开头），Coni 是大写字母开头的构造函数名，后接构造函数的输入参数类型名（0 个或者多个）。例如，构造函数 Con1 的类型为

```
Con1 :: t11 -> t12 -> ... -> t1k -> Typename
```

6.2　数据类型的归纳定义

在定义有无穷多个值的类型时，往往需要找到它的有穷个构造函数，或者找到生成所有这些值的有穷个规则，这就是数学上的集合**归纳定义**(inductive definition)。

6.2.1　自定义自然数类型

自然数集 $\mathbf{N} = \{0, 1, 2, \cdots\}$，其中 1 称为 0 的后继，2 称为 1 的后继，等等。因此，自然数包含 0，0 的后继为 1，1 的后继为 2，等等。在数学上可以用下列规则描述所有自然数构成的集合。

（1）0 是自然数。

（2）如果 n 是自然数，那么 n 的后继 n'（即 $n+1$）也是自然数。

例如，根据规则（1），0 是自然数，根据规则（2），$0'$（用 1 表示）也是自然数，再根据（2），$1'$（用 2 表示）也是自然数，等等。因此，按照以上规则，可以用两个构造函数定义自然数类型：

```
data Nat = Zero | Succ Nat deriving Eq
```

这里 0 元构造函数 Zero 对应规则（1），一元构造函数 Succ 对应规则（2），其输入参数类型仍然是 Nat，结果也是 Nat：

```
*Main> :t Zero
Zero :: Nat
*Main> :t Succ
Succ :: Nat -> Nat
```

例如，Zero 就是 0 的表示，Succ Zero 就是 $0' = 1$ 的表示等等。

以上定义中没有说明 Nat 为类族 Show 的实例。如果使用系统导出定义 deriving Show，则 Nat 的值仍然显示为该值的构造方式。例如，

```
*Main> Succ Zero
Succ Zero
```

如果希望将 Nat 的元素用更自然的阿拉伯数字显示，例如，

```
*Main> Zero
0
*Main> Succ Zero
1
```

那么需要自定义 Nat 的 show 函数，例如，show Zero 的结果是"0"，show (Succ Zero) 的结果是"1" 等等。一种方法是先定义将 Nat 类型的自然数转化为 Int 类型值的函数 nat2int，然后在此基础上将 Nat 定义为 Show 的实例：

```
nat2int :: Nat -> Int
nat2int Zero = 0
nat2int (Succ n) = nat2int n + 1

instance Show Nat where
  show n = show (nat2int n)
```

现在可以定义 Nat 上加、减、乘、除等运算。例如，加法运算可以用递归定义如下：

```
add :: Nat -> Nat -> Nat
add Zero      n = n
add (Succ m) n = Succ (add m n)
```

```
*Main> add (Succ Zero) (Succ (Succ Zero))
3
```

Nat 上其他运算的定义留作练习。

6.2.2　一个表达式类型

考虑简单算术表达式（只含整数、变量、加法和乘法）的集合。例如，$12, x, 12 + 34, 2(x + y), (x + 2)(y + 5)$ 等是一些合法的表达式。显然，表达式是一种有结构的数据。如何定义一个能够刻画这些表达式的类型呢？

定义表达式的类型，需要寻找生成所有表达式的有穷个规则。仔细分析可见，最简单的表达式是一个整数，或者一个变量，复杂的表达式都是由更简单的两个子表达式用一个二元运算构成。例如，$(x + 2)(y + 5)$ 由表达式 $(x + 2)$ 和 $(y + 5)$ 相乘构成，而 $(x + 2)$ 也是由表达式 x 和 2 相加构成的。因此，表达式可以用下列规则生成：

表达式
类型

（1）一个整数是一个表达式。

（2）一个变量是表达式。

（3）如果 a 和 b 是表达式，则 a 与 b 的和 a+b 是表达式。

（4）如果 a 和 b 是表达式，则 a 与 b 的乘积 ab 是表达式。

以上规则构成表达式集合的数学归纳定义。可以将归纳定义转换为 Haskell 的代数类型定义，每个规则对应一个构造函数：

```
data Expr = Con Int
          | Var String
          | Add Expr Expr
          | Mul Expr Expr
          deriving (Show, Eq)
```

注意，每条规则对应一个构造函数，每个构造函数用大写字母开始的标识符命名，后接输入类型。例如，构造函数 Con 对应第一条规则：对于任意整数 n，Con n 是类型 Expr 的元素，它是整数表达式 *n* 的表示。构造函数 Var 对应第二条规则：对于任意字符串 c，Var c 表示一个变量构成的简单表达式。例如，Var "x" 是简单变量表达式 x 的表示。

又如，构造函数 Add 对应于第三条规则：

```
Add :: Expr -> Expr -> Expr
```

即对于任意 x, y :: Expr，Add x y 是一个表达式。

例如，2+3*4 对应的表达式是 Add (Con 2) (Mul (Con 3)(Con 4))，x+y 对应的表达式是 Add (Var "x") (Var "y")。

如果一个表达式不含变量，则可以计算表达式的值。例如，Add (Con 2) (Mul (Con 3)(Con 4)) 表示表达式 2+3*4，因此，计算的结果是 14。将该函数命名为 eval，则它的输入类型为 Expr，输出类型为 Int。例如，

```
*Expr> eval (Add (Con 2) (Mul (Con 3)(Con 4)))
14
```

容易用模式匹配和递归定义表达式的计算函数 eval：

```
eval :: Expr -> Int
eval (Con n)  = n
eval (Add x y) = (eval x) + (eval y)
eval (Mul x y) = (eval x) * (eval y)
```

上面定义中假定了表达式不含变量，因此只列了三个等式。如果将 eval 应用于带变量的表达式，则解释器报告"不完整模式"（Non-exhaustive patterns）错误[①]：

```
*Expr> eval (Add (Var "x") (Var "y"))
*** Exception: Expr.hs:(5,1)-(7,36): Non-exhaustive patterns
                                in function eval
```

如果一个表达式包含变量，如 Add (Var "x") (Var "y")，则必须指明两个不同变量各取什么样的值代入，才能求出一个整数型计算结果。为此，对于含变量的表达式，函数 eval 需要另外一个输入：表达式中各个变量的取值。例如，变量"x" 用 1 替换，变量"y" 用 2 替换，或者用 [("x", 1), ("y", 2)] 表示这样的代换。因此，各个变量代入值的类型可以用 [(String, Int)] 表示，函数 eval 的类型扩展为

```
type Subst = [(String, Int)]
eval :: Expr -> Subst -> Int
```

---

① 解释器错误返回信息中的（5, 1）-（7, 36）表示相关定义在脚本中的行列号。

函数定义仍然可以用模式匹配和递归完成。例如，

```
eval :: Expr -> Subst -> Int
eval (Con n) _   = n
eval (Var x) sub  = lookitup x sub
eval (Add x y) sub = (eval x sub) + (eval y sub)
eval (Mul x y) sub = (eval x sub) * (eval y sub)
```

其中，函数 lookitup x sub 查找变量 x 在代换 sub 中设定的值。例如，

```
*Expr> lookitup "x" [("x",1),("y",2)]
1
*Expr> eval (Add (Var "x") (Var "y"))  [("x",1),("y",2)]
3
```

函数 lookitup 的定义留作练习。

6.3 带类型参数的自定义类型

带参数的
类型

对于任意类型 a，列表类型 [a] 称为带参数 a 的类型。本节介绍如何定义带参数的列表类型以及带参数类型 Maybe a。

6.3.1 列表类型的定义

假设要定义包含任意整型序列的类型，首先寻找能够生成所有整型序列的方法。例如，从空序列开始，每次在已有序列上添加一个整数，由此得到新的序列。因此，可以使用如下规则生成所有整数序列。

（1）空序列是一个整数序列。

（2）如果 x 是一个整数，xs 是一个整数序列，则由 x 和 xs 可以构成第一个元素为 x，尾部为 xs 的新整数序列。

由此可以如下定义整数 Int 序列的类型：

```
data IntList = Null | Cons Int IntList deriving (Eq, Show)
```

这里用 Null 表示空序列，函数 Cons 将一个整数和另一个整数序列结合成一个更长的序列，如 Cons 1 Null, Cons 1 (Cons 2 Null) 分别表示序列 [1] 和 [1,2]。

类似地，可以定义其他类型的序列，如 Bool 型的序列：

```
data BoolList = Null | Cons Bool BoolList deriving (Eq, Show)
```

因为任意类型的序列都遵循相同的定义模式，所以，可以将类型作为参数，定义带参数的序列类型：

```
data List a = Null | Cons a (List a) deriving (Eq, Show)
```

其中，a 是类型变量，表示对于任意类型 a，List a 是一个类型，而且该类型有两个构造函数。例如，List Int 是整数序列类型，List Bool 是 Bool 类型的序列等等。例如，

```
*Main> :t (Cons True Null)
(Cons True Null) :: List Bool
*Main> :t (Cons True (Cons False Null))
(Cons True (Cons False Null)) :: List Bool
```

可以理解为 (Cons True Null) 是包含一个值的序列 (True)，而 (Cons True (Cons False Null)) 是包含两个值的序列 (True, False)。

事实上，List a 等价于我们熟悉的列表类型 [a]，其定义为

```
data [] a = [] | a : [a]
```

定义等号右边给出列表的两个构造函数：表示空列表的构造函数 [] 和中缀形式的非空列表构造函数 (:)。

6.3.2   Maybe 类型

在 6.2.2 节需要定义查找变量对应值的函数：

```
lookitup :: String -> [(String, Int)] -> Int
lookitup name xs = head [num | (na, num) <- xs, na == name]
```

也可以将第一个参数理解为姓名，第二个参数表示由姓名和电话序列构成的电话号码簿。如果第一个参数表示的姓名出现在第二个序列参数中，则返回对应的电话号码。例如，lookitup "Bob" [("Alice",123456), ("Bob", 234568)] 将返回 234568。那么 lookitup "Paul" [("Alice",123456), ("Bob", 234568)] 返回什么呢？

```
*Main> lookitup "Paul" [("Alice",123456), ("Bob", 234568)]
*** Exception: Prelude.head: empty list
```

此时定义中列表概括表示的列表为空，head 应用于空列表出现错误，查找失败。

为了表达这种可能成功，也可能失败的结果，可以定义一个新类型 MaybeInt，这种类型包含一个表示失败的值，以及表示各种成功情况的值。

```
data MaybeInt = Failure | Is Int deriving (Eq,Show)
```

其中，构造函数 Failure 表示失败，Is :: Int -> MaybeInt 是类型 MaybeInt 的一个构造函数，对于任意 n :: Int，Is n 表示一种成功情况。例如，Is n 表示查找结果是某个整数 n。

注 3   类型 MaybeInt 定义中，表示成功的值必须使用构造函数，构造函数后面是输入参数类型。例如，下面不使用构造函数的定义是错误的。

```
data MaybeInt = Failure | Int deriving (Eq,Show)
```

现在用新类型重新定义能够表示失败的查找函数：

```
lookitup :: String -> [(String, Int)] -> MaybeInt
lookitup name [] = Failure
lookitup name ((na, num) : xs)
    | name == na   = Is num
    | otherwise    = lookitup name xs
```

注意，对于查找成功的情况，结果为 Is num，而不是 num。例如，

```
*Main> lookitup "Paul" [("Alice",123456), ("Bob", 234568)]
Failure
*Main> lookitup "Bob" [("Alice",123456), ("Bob", 234568)]
Is 234568
```

实际上，可以将以上查找函数扩展到更广的类型：

```
lookitup :: Eq a =>  a -> [(a, b)] -> b
```

结果类型 b 仍然不能表示查找失败情况的值。

为了表达对于任何类型 b，函数 lookitup 可能成功并返回一个类型 b 的值，也可能失败，并返回一个特殊值，将 MaybeInt 定义中类型 Int 改为类型参数，定义下面的通用 Maybe 类型：

```
data Maybe a = Nothing | Just a deriving(Eq,Show)
```

因此，能够表示失败的通用查找函数定义为

```
lookitup :: Eq a =>  a -> [(a, b)] -> Maybe b
lookitup name [] = Nothing
lookitup name ((na, num) : xs)
    | name == na   = Just num
    | otherwise    = lookitup name xs
```

查找失败用 Nothing 表示，查找成功用构造函数 Just 表示。

实际上，Maybe 是 Prelude 预定义的**类型构造函数**，因为 Maybe 本身不是一个类型，而将其应用于任何类型如 Bool，Maybe Bool 是一个类型，它包含了三个值，包括 Nothing、Just True 和 Just False。再例如，Maybe Int 是一个类型，它包含 Nothing 和形如 Just 1 和 Just 2 等无穷多个值。

在 6.2.2 节中，如果一个表达式包含变量，但是代换中没有指定代换值，表达式求值函数 eval 可能失败。为此，可以将函数 eval 的结果类型修改为表示可能失败的类型：

```
eval :: Expr -> Subst -> Maybe Int
```

函数的定义留作习题。

6.4 习题

1. 定义 Shape（见 6.1.3 节）上的函数 circum，计算任意形状的周长：

```
circum ::Shape ->Float
```

2. 可以用 deriving 将 Shape 定义为 Eq、Show 和 Ord 的实例：

```
data Shape = Circle Float | Rectangle Float Float
           deriving (Eq, Show, Ord)
```

由此可以比较两个 Shape 元素的大小：

```
> Circle 1 < Circle 2
True
> Rectangle 2 3 < Rectangle 3 1
True
> Circle 2 < Rectangle 1 2
True
```

如果系统生成的形状大小比较不是我们期望的行为，可以自定义形状大小的比较。

假如按照 Shape 的面积比较大小，例如，

```
> Circle 1 < Circle 2
True
> Rectangle 2 3 < Rectangle 3 1
False
> Circle 2 < Rectangle 1 2
False
```

使用 instance 将 Shape 定义为 Ord 的实例（需要删除 deriving 后的 Ord）。此时用户只需要定义 Ord 族的 compare 函数即可：

```
instance Ord Shape where
  -- compare :: Shape ->Shape ->Ordering
```

因为 Ord 中"<" 的默认定义是"x < y = compare x y == LT"。

3. 试定义 Nat 表示的自然数乘法：

```
mul :: Nat -> Nat -> Nat
```

4. 自定义 Expr（见 6.2.2 节）的 show 函数（不使用系统导出的定义），使得表达式以习惯的方式显示，如 Add (Con 2) (Mul (Con 3)(Con 4)) 显示为"(2 + (3 * 4))"。

5. 如何定义 Expr 的 show 函数，使得按照优先级可以省去多余的括号？例如，将 Add (Con 2) (Mul (Con 3)(Con 4)) 显示为"2 + 3 * 4"，将 Mul (Add (Con 2) (Con 3))(Con 4) 显示为"(2 + 3) * 4"。

这种情况下需要给 show 函数额外的信息，以说明"两个表达式相加的表达式"是否为乘法的一个乘数，若是，则需要加括号，否则不需要加括号。为此，可以定义一个辅助函数：

```
formatExpr :: Expr ->Bool ->String
```

第二个输入为 True 时表示第一个表达式是一个乘数，例如，

```
formatExpr (Mul a b) _    = formatExpr a True ++ " * " ++
                                     formatExpr b True
formatExpr (Add a b) True = "("++formatExpr (Add a b) False
                                          ++ ")"
formatExpr (Add a b) False =  formatExpr a False ++ " + " ++
                                     formatExpr b False
```

这样就可以如下定义 Expr 的 show 函数：

```
instance Show Expr where
  show e = formatExpr e False
```

请完成以上定义。

6. 完成函数 lookitup 的定义（见 6.2 节）：

```
type Subst = [(String, Int)]
lookitup :: String -> Subst -> Int
```

假定 eval（定义在 6.2.2 节）第一个参数表示的变量在第二个代换列表中都有替换值。

7. 第 6 题练习假定 eval e subst 中第一个参数表达式 e 中每个变量在第二个代换列表 subst 中都有替换值，因此 eval e subst 的计算结果是 Int。但是，如果这样的假定不成立，即 e 中某个变量在 subst 中不出现，则 eval e subst 计算失败。因此，eval 的结果类型需要修改成 Maybe Int。试完成这样的解释器 eval 的定义：

```
type Subst = [(String, Int)]
eval :: Expr -> Subst -> Maybe Int
```

8. 命题公式或者布尔表达式的集合可以如下定义。

（1）真命题（记作 T）和假命题（记作 F）是命题。

（2）由一个字母表示的命题变元是一个命题。

（3）如果 p 是命题，则它的否定是一个命题，记作 $\neg p$；$\neg$ 称为否定联结词。

（4）如果 p、q 是命题，则它们的合取是一个命题，记作 $p \wedge q$；$\wedge$ 称为合取联结词。

（5）如果 p、q 是命题，则它们的析取是一个命题，记作 $p \vee q$；$\vee$ 称为析取联结词。

（6）如果 p、q 是命题，则它们的蕴含是一个命题，记作 $p \Rightarrow q$，$\Rightarrow$ 称为蕴含联结词。

（7）所有的命题由以上规则经过有限步生成。

所以，命题表达式的集合是一个归纳定义的集合，可以用代数类型描述：

```
data Prop = Const Bool
          | Var String
          | Not Prop
          | And Prop Prop
          | Or  Prop Prop
          | Imply Prop Prop
           deriving Eq
```

例如，下面是 Prop 的 4 个表达式:

```
p0, p1, p2, p3 :: Prop
p0 = Const True
p1 = (And (Var "A") (Var "B"))
p2 = (Or (Var "A") (Not (Var "A")))
p3 = (Imply (Var "A") (And (Var "A") (Var "B")))
```

这些表达式分别表示真命题 T (p0)、$A \wedge B$ (p1)、$A \vee (\neg A)$ (p2) 和 $A \Rightarrow (A \wedge B)$ (p3)。

一个命题或者为真，或者为假。例如，不包含变元的命题表达式 T 表示真命题，命题表达式 F 表示假命题。包含变元的命题表达式的真假依赖于变元表示命题的真假。例如，如果 A 和 B 均为真，那么 p1 为真; 如果 A 为真，B 为假，那么 p1 为假。所以，一个命题表达式可以看作它包含的变元的函数，称为真值函数，其中每个变元的取值为真或者假，分别用 True 和 False 表示。每个命题的取值和其中变元的关系可以用一个表来表示，称之为命题函数的真值表。表 6.1~表 6.4 是命题联结词的真值表。

表 6.1 $\neg P$

P	$\neg P$
True	False
False	True

表 6.2 $P \wedge Q$

P	Q	$P \wedge Q$
True	True	True
True	False	False
False	False	False
False	True	False

表 6.3 $P \vee Q$

P	Q	$P \vee Q$
True	True	True
True	False	True
False	False	False
False	True	True

表 6.4 $P \Rightarrow Q$

P	Q	$P \Rightarrow Q$
True	True	True
True	False	False
False	False	True
False	True	True

也可将 Prop 看作包含 0、1 和变量以及一元运算 $\neg$ 和二元运算 $\wedge$、$\vee$ 和 $\Rightarrow$ 的布尔表达式集合。上述表格给出这些运算的运算规则。

请完成下列任务。

(1) 将 Prop 定义为 Show 的实例，使得 Prop 中元素能够显示成我们习惯的表示，如表 6.5 所示。

表 6.5　表达式的显示形式

表达式	显示形式
Var "P"	P
Not (Var "P")	¬P
And (Var "P") (Var "Q")	P∧Q
Or (Var "P") (Var "Q")	P∨Q
Imply (Var "P") (Var "Q")	P⇒Q

（2）类似于 Expr 的例子，可以用下列类型表示代换：

```
type Subst = [(String, Bool)]
```

然后计算一个命题表达式在一个代换下的真值：

```
eval :: Subst -> Prop -> Bool
```

例如，

```
>eval [("A", True),("B", False)] p3
 False
```

试给出函数 eval 的定义。

（3）试定义下列函数：

```
vars   :: Prop -> [String]
substs :: Prop -> [Subst]
```

其中，vars p 给出命题 p 中出现的所有不同变元，substs p 给出命题 p 中变元的所有可能代换。例如，

```
vars p3 = ["A", "B"]
substs p3 = [[("A", True), ("B", True)],
            [("A", True), ("B", False)],
            [("A", False), ("B", True)],
            [("A", False), ("B", False)]]
```

（4）如果一个命题函数在变元的任意代换下真值是 True, 则称之为永真式。例如，命题 p2 是永真式。试定义判定一个命题是否为永真式的函数，并说明你的函数定义的正确性：

```
isTaut :: Prop -> Bool
```

例如，

```
>isTaut p1
False
>isTaut p2
True
```

9. 假定二叉树节点存储一个整数。一个二叉树可以用如下规则生成。

(1) 空树是二叉树。

(2) 如果 t_1 和 t_2 是两棵二叉树，那么对任意整数 k，以 k 为根节点，t_1 和 t_2 分别作为左右子树构成一棵二叉树。

按照以上规则定义一个表示二叉树的类型 BT，并在二叉树上进行查找的函数 lookup：

```
lookup :: Int -> BT -> Maybe Int
```

提示：本题需要读者具备一定数据结构的基础知识。

10. 二叉查找树是满足下列条件的二叉树。

(1) 空树是二叉查找树。

(2) 如果二叉树的左子树和右子树都是二叉树，而且左子树上所有关键字（节点上存储的数值）均小于根节点的关键字，右子树上的关键字均大于根节点的关键字，那么该二叉树是二叉查找树。

仍然用以上二叉树类型 BT 表示二叉查找树。请定义二叉查找树的查找、插入和删除函数：

```
lookup :: Int -> BT -> Maybe Int
insert :: Int -> BT -> BT
remove :: Int ->BR -> BT
```

例如，insert k t 是将 k 插入到 t 的适当位置后的二叉查找树，remove k t 将是在 t 中删除 k 后的二叉查找树。

提示：本题需要读者具备一定数据结构的基础知识。

11. 试定义带类型参数 (a, b) 的二叉查找树，即节点存储了类型为 (a, b) 的二元组 (k, v)，其中 k 是关键字，v 是相关值。然后实现这种带类型参数的二叉查找树的查找、插入和删除函数。

提示：本题需要读者具备一定数据结构的基础知识。

IO 程序

Haskell 将纯函数和具有副作用的计算分离开来。具有副作用的程序，如读取键盘输入数据、将数据写到屏幕或者读写外部文件等统称为 IO 程序。本章介绍在 Haskell 中如何编写 IO 程序。

7.1 IO 类型

IO类型

IO 程序具有副作用，因此不能简单地定义为纯函数。为此，Haskell 引入一个**抽象数据类型**[①] IO a，它的值统称为**动作程序**（action），这种程序通常涉及输入输出（IO）等操作，动作程序完成后返回一个类型为 a 的值。本节介绍 IO a 类型的基本操作，以及连接基本操作的方法。

7.1.1 IO 类型的基本操作

1. 读键盘动作

读取键盘输入数据是一个动作程序，动作完成后返回键盘输入的字符串数据，因此，其类型为 IO String。Haskell 提供了如下读取键盘程序：

```
getLine ::  IO String
```

在解释器中执行命令 getLine 时，系统等待用户输入，用户完成输入并按 Enter 键后，getLine 动作执行完成，然后返回用户输入的字符串。例如，

```
Prelude> getLine
Hello
"Hello"
```

这里第二行是用户输入的串，最后一行是 getLine 返回的字符串。通常用一个变量记录 getLine 返回的字符串，或者说将 getLine 返回的串绑定到一个变量，例如，

---

① 对于一个数据类型，用户可以使用该类型提供的数据表示和运算，但是这些数据和运算的更具体表示和实现对用户是抽象的。从这个意义上讲，前面看到的基本类型都是抽象数据类型（Abstract Data Type，ADT）。

```
Prelude> s <- getLine
Hello
Prelude> s
"Hello"
```

一般地，将 IO a 类型动作返回的值绑定到一个变量的方法是使用绑定符号 <-。
Haskell 也提供了从键盘读取一个字符的动作：

```
getChar :: IO Char
```

操作 getChar 从键盘读入一个字符，然后返回这个字符。

2. 打印屏幕动作

将一个字符串显示到屏幕上是一个动作，因此，打印屏幕动作是一个函数，其输入是字符串：

```
putStr :: String -> IO ()
```

对于一个字符串 s，putStr s 表示将字符串参数 s 显示在屏幕上的动作，动作完成后返回类型 () 的元素表示结束。这里 () 是只有一个值的类型，称为**单位类型**（unit type），其中的唯一值也记作 ()。例如，

```
Prelude> putStr "Welcome to Haskell World!"
Welcome to Haskell World!Prelude>
```

Haskell 提供了另一个版本的打印屏幕动作程序 putStrLn：

```
putStrLn :: String ->  IO ()
```

操作 putStrLn 类似于 putStr，只是在末尾加一个换行符。例如，比较使用 putStr 和 putStrLn 的区别：

```
Prelude> putStrLn "Welcome to Haskell World!"
Welcome to Haskell World!
Prelude>
```

如果要将非字符串值打印到屏幕上，则需要先将其转换为字符串，然后使用 putStrLn 函数。Haskell 提供了将任意类型值打印到屏幕上的函数 print：

```
print :: Show a => a -> IO a
print x = putStrLn (show x)
```

对应于 getChar，Haskell 提供了将一个字符打印在屏幕上的函数：

```
putChar :: Char -> IO ()
```

3. 构造 IO 类型值的 return 函数

Haskell 提供了构造 IO 类型值的特殊函数 return：

```
return :: a -> IO a
```

对于任意类型 a 的任意值 v，return v 具有类型 IO a，因此它可以构造一个 "动作程序"，但是这个程序不涉及 IO，没有任何副作用，"动作" 完成后返回值 v。例如，

```
Prelude> x <- return 10
Prelude> x
10
Prelude> x <- return "Haskell"
Prelude> x
"Haskell"
```

注 1　表达式 return v 不同于 v。例如，return 10 的类型为 IO Integer，而 10 的类型为 Integer。函数 return 常常用于在类型 IO a 动作程序的尾部返回一个类型为 a 的值（见 7.1.2 节的例子）。

7.1.2　连续动作的表示和 do 语法

如果要表示两个动作连续进行，可以用运算（>>）：

```
(>>) :: IO a -> IO b -> IO b
```

动作的
连接

其中，a 和 b 是类型变量。例如，用 putStr 在屏幕上打印一个串，接着再打印一个换行符的动作：

```
Prelude> putStr "Welcome to Haskell World!" >> putStr "\n"
Welcome to Haskell World!
```

事实上，putStrLn 就是这样定义的：

```
putStrLn :: String ->  IO ()
putStrLn s = putStr s >> putStr "\n"
```

Haskell 提供一个方便的 **do 语法**（do notation）[①]，用于将一系列 IO 程序顺序连接。例如，putStrLn 可以用 do 语法书写：

```
putStrLn :: String ->  IO ()
putStrLn s = do
      putStr s
      putStr "\n"
```

---

① do 语法是一种语法糖，用于独立了程序的连接，见 9.4 节。

注 2　do 语法下面的一系列动作缩进后要左对齐，这一系列动作构成的动作程序仍然是 IO 程序，其返回值是最后一个动作的返回值，因此整个程序的类型是最后一个动作的类型。

例 7.1　从键盘读入两行输入，然后显示读入的字符串的程序：

```
read2lines :: IO ()
read2lines =
   do l1 <- getLine
      l2 <- getLine
      putStrLn "The first line: " ++ l1
      putStrLn "The Second line: " ++ l2
```

这里用 do 语法顺序连接 4 个动作，其中 l1 <- getLine 将 getLine 返回的字符串绑定到 l1。因为最后一个动作的类型为 IO ()，因此，整个程序的类型为 IO ()。

例 7.2　取得键盘输入整数的程序 getInt：

```
getInt :: IO Int
getInt = do
   n <- getLine
   return (read n::Int)
```

该程序首先读取从键盘输入的串，然后用 return 返回输入的整数。这里使用了类族 Read 的方法 read 和类型限制符 (::) 将 n 的类型从 String 转换为 Int。

例 7.3　编写程序，从键盘读入两个整数，然后在屏幕上显示读入的两个整数及其和。

整个程序是一个 IO 程序。可以直接使用前一个例子的程序读取整数，然后在屏幕上顺序打印各个值：

```
showSum :: IO ()
showSum = do
   x <- getInt
   y <- getInt
   putStr "The first number:"
   print x
   putStr "The second number:"
   print y
   putStr "The sum:"
   print(x+y)
```

注意，x 和 y 的类型均为 Int，因此可以 print 显示 x 与 y 及其和的值。例如，

```
*Main> showSum
12
23
The first number:12
The second number:23
The sum:35
```

例 7.4 编写程序：提示用户输入一个串，然后将该串置逆，并打印在屏幕上。

```
printRev :: IO ()
printRev = do
    putStr "Type a line:"
    line <- getLine
    putStr "Reversed:"
    let line' = reverse line in putStrLn line'
```

以上 do 语法中，最后一个动作是一个 let 表达式，其类型为 IO ()。

在 IO 程序中往往需要将一个比较复杂的表达式绑定给一个变量，以提高程序的可读性。如上面程序中的 let 表达式。Haskell 为这种局部定义提供了方便的语法。

假设 action 是一个动作程序，那么形如 let x = v in action 的 let 表达式可以写成

```
do
    let x = v
    action
```

不妨把这种 let 绑定称为 **let 赋值语句**。例如，前面的程序可写成

```
printRev :: IO ()
printRev = do
    putStr "Type a line:"
    line <- getLine
    putStr "Reversed:"
    let line' = reverse line
    putStrLn line'
```

7.1.3　使用递归实现动作的重复性

在 Haskell 函数程序中，往往通过递归来实现重复。例如，将一个串显示多次的程序，输入是显示的次数和显示的串，结果是一个 IO 程序：

动作的
重复

```
show_repeat :: Int -> String -> IO ()
show_repeat 0 s = return ()
show_repeat n s = do
    putStrLn s
    show_repeat (n-1) s
```

注意，显示次数为 0 时，不需要任何显示动作，但结果仍然是类型 IO () 的值，因此使用了 return 函数。例如，

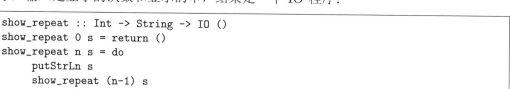
```
*Main> show_repeat 0 "Welcome!"
*Main> show_repeat 2 "Welcome!"
Welcome!
Welcome!
```

再如，putStr 可以通过重复 putChar 实现：

```
putStr :: String -> IO ()
putStr [] = return ()
putStr (x :xs) = do
    putChar x
    putStr xs
```

事实上，putStr 就是通过重复 putChar 实现的。类似地，getLine 可以通过重复 getChar 实现：

```
getLine :: IO String
getLine = do
    c <- getChar
    if c =='\n'
        then return []
    else do
        cs <- getLine
        return (c:cs)
```

注意，do 语法中的动作表达式也可以是一个条件表达式，如果一个分支由多个动作构成，仍然要使用 do 语法。

7.2 模拟计算

7.2.1 随机数与猜数游戏

模拟事件的程序常常需要生成随机数，如游戏程序和随机事件的模拟。各种程序设计语言均提供了产生随机数的方法。Haskell 定义了支持随机数生成的**类族 Random**（随机），其中基本类型 Int、Integer、Float、Double、Char 和 Bool 均为 Random 的实例。在 Haskell 函数程序中，生成随机数是一个 IO 程序。最简单的随机数生成方法是 randomIO：

```
randomIO :: Random a => IO a
```

例如，下列程序获得一个随机整数并打印在屏幕上：

```
getRandInt :: IO ()
getRandInt = do
    r <- randomIO :: IO Int
    print r
```

注意，这里使用了类型限定表示 randomIO :: IO Int 以获得一个随机整数。例如，

```
*Main> getRandInt
-4687321699438592813
*Main> getRandInt
8071523743207414914
```

例 7.5　设计一个猜数游戏：随机生成一个整数，然后提示用户猜，直至猜中。

猜数方法如下：

（1）随机生成一个 0~100 的整数，记作 answer。

（2）提示用户输入一个猜测值，记作 m。

（3）如果 m 等于 answer，则程序终止，否则，提示用户"再大点"或者"再小点"，然后继续猜。

注意，"继续猜"需要程序返回第（2）步重新输入答案，但是，原先生成的 answer 不变。因此，如果要使得第（2）步和第（3）步重复进行，直至猜中，需要将第（2）步和第（3）步单独定义为一个"继续猜"函数：

```
-- 输入 answer 是秘密数，程序提示用户输入猜测值，直至猜中
guess :: Int -> IO ()
guess answer = do
    putStrLn " 猜数（0~100）:"
    n <- getLine
    let m = read n :: Int
    if (m == answer)
      then putStrLn " 很棒！"
      else
        if (m < answer)
          then
              do  putStrLn " 再大点"
                  guess answer
            else
              do putStrLn " 再小点"
                  guess answer
```

程序中读取用户输入整数可以直接使用 7.1 节定义的 getInt。这里使用了 getLine，然后将字符串转换为整数，并用 **let 赋值语句**将表达式绑定到 m。

猜数的主程序如下：

```
guess_number :: IO ()
guess_number = do
    some_number <- randomIO :: IO Int
    let answer =  some_number 'mod' 101
    guess answer
```

这里用到了 let 赋值语句，将一个较复杂的表达式绑定到 answer。

用户猜数可以使用二分法，即每次总是回答当前范围的中间值。例如，

```
*Main> guess_number
猜数（0~100）:
50
再小点
猜数（0~100）:
24
再大点
猜数（0~100）:
```

```
37
再大点
猜数（0～100）:
43
再大点
猜数（0～100）:
46
再大点
猜数（0～100）:
48
很棒！
```

用户第一次猜可能是 0～100 的中间值 50，系统反馈秘密数应该小于 50；因此下次猜测可能是 0～49 的中间值 24（向下取整得到），系统反馈秘密数应该大于 24；因此下次取猜测范围 25～49 的中间值 37，等等。

例 7.6 在猜数游戏基础上添加一个计数功能，统计用户的猜测次数。设想有这样一个计数的变量 count，那么在函数 guess 中每次用户输入一个答案后，猜测次数由 count 变成了 count+1。为此，可以给函数 guess 添加另一个当前猜测次数的输入：

```haskell
-- 第一个输入 answer 是秘密数，第二个输入 count 是当前猜测次数
-- 程序提示用户输入猜测值，直至猜中
guess :: Int -> Int -> IO ()
guess answer count = do
    putStrLn " 猜数（0～100）:"
    n <- getLine
    let m = read n :: Int
    if (m == answer)
      then putStrLn (" 很棒！" ++
                     " 总猜测次数: " ++ show count)
        else
          if (m < answer)
            then
                do  putStrLn " 再大点"
                    guess answer (count+1)
             else
                do putStrLn " 再小点"
                   guess answer (count+1)
```

注意，递归调用中的第二个参数记录了本次猜测后的猜测次数。特别是对于学习过命令程序设计的读者，不可使用 let count=count+1 之类语句试图修改 count 的值。

修改 guess 之后，在猜数游戏主函数 guess_number 中需要调用 guess answer 1：

```haskell
guess_number :: IO ()
guess_number = do
    some_number <- randomIO :: IO Int
    let answer =  some_number `mod` 101
    guess answer 1
```

注 3 前面两个程序中的 **let 赋值语句**不同于命令式的赋值，它只是 let 表达式的

简写（参见 7.1.2 节）。例如，不可以使用形如 let count = count + 1 的语句，尝试修改一个变量的值是错误的。

7.2.2　随机事件的模拟

假定通过模拟抛骰子（正 6 面体），计算某个点出现的概率。例如，定义一次试验为抛 100 次骰子，统计 6 点出现的频率（即 6 点出现次数与抛骰子总次数的比例）。根据概率论知识，如果做多次试验，那么 6 点出现的频率稳定在某个值附件，因此将该值作为 6 点出现的概率。

首先模拟抛一次骰子，观察出现的点数。因为点数是随机出现的，因此抛一次骰子可用生成 1~6 的随机数模拟，该函数的类型为 IO Int：

```
throwDice :: IO Int
throwDice = do
    n <- randomIO :: IO Int
    return (n 'mod' 6 + 1)
```

注 4　查看类族 Random 信息，可见其中提供了生成给定区间内随机值的函数：

```
randomRIO :: (a, a) -> IO a
```

randomRIO (lo, hi) 生成 lo~hi 服从均匀分布的随机值。例如，

```
*Main> randomRIO (1,6)
4
*Main> randomRIO (1,6)
1
```

因此，生成骰子随机点的函数也可以定义为

```
throwDice :: IO Int
throwDice = randomRIO (1,6)
```

接下来模拟做一次抛骰子试验。一次试验定义为抛若干次骰子，将次数作为输入参数。那么一次试验的输出是什么呢？可以选择输出是本次试验各个点出现的频率，或者某个特定点数出现的频率。前者计算比较复杂，后者则需要将点数也作为输入。为了简单起见，这里选择一次试验中所有出现点数构成的列表作为输出，统计一个点数出现的频率可以用另一个纯函数实现。

下面是一次试验的模拟函数，输入是抛骰子的次数，输出是所有点数的列表：

```
throw_many_times :: Int -> IO [Int]
throw_many_times 0 = return []
throw_many_times n = do
    r <- throwDice
    rs <- throw_many_times (n-1)
    return (r : rs)
```

注意，模拟一次试验的函数 throw_many_times 的输出是 IO 类型，因为它是由许多次抛骰子的 IO 程序构成的。

给定一次试验统计的点数列表，容易计算指定点数出现的频率：

```
freq_of_point :: [Int] -> Int -> Float
freq_of_point ps point = fromIntegral k / fromIntegral n
    where k = length [x | x<- ps, x == point]
          n = length ps
```

以上函数返回点数 point 在 ps 中出现的频率。注意这里使用了类型转换。

计算一次试验中指定点数出现的频率，首先取得点数列表，然后调用上面定义纯函数计算某点出现的频率，最后返回结果：

```
-- 抛 m 次骰子，计算 point 点数出现的频率
dice_freq :: Int -> Int -> IO Float
dice_freq point m = do
    ds <- throw_many_times m
    let r = freq_of_point ds point
    return r
```

反复运行抛骰子试验，观察某个点数出现的频率。例如，抛 100 次 6 点出现的频率：

```
*Main> dice_freq 6 100
0.16
*Main> dice_freq 6 100
0.15
*Main> dice_freq 6 100
0.21
*Main> dice_freq 6 100
0.23
*Main> dice_freq 6 100
0.15
*Main> dice_freq 6 100
0.17
*Main> dice_freq 6 100
0.16
```

可以发现，点数 6 出现的频率稳定在 0.16~0.17。

为了计算概率，我们可以统计大量试验随机事件出现频率的平均值作为概率估计值。例如，把抛骰子 100 次观察 6 点出现的频率看作一次试验，抛骰子 6 点出现的概率估算方法如下。

（1）反复试验若干次，即调用 dice_freq 6 100 若干次。

（2）收集所有试验结果构成的频率列表。

（3）计算这些频率的平均值。

这里把第（1）和第（2）步涉 IO 和不涉 IO 的第（3）步分开，分别定义一个 IO 函数和一个纯函数。收集若干次试验结果列表的 IO 函数定义如下：

```
-- 重复试验 dice\_freq 6 100 若干次，收集试验返回的频率列表
dice_point6_frequencies :: Int -> IO [Float]
dico_point6_frequencies 0 = return []
dice_point6_frequencies n = do
    x <- dice_freq 6 100
    xs <- dice_point6_frequencies (n-1)
    return (x:xs)
```

计算频率列表的平均值可用纯数学函数实现：

```
average :: [Float] ->Float
average xs = sum xs / fromIntegral (length xs)
```

最后，计算 6 点出现的概率函数如下：

```
dice_point6_pro :: Int ->IO Float
dice_point6_pro n = do
    xs <- dice_point6_frequencies n
    return (average xs)
```

例如，多次模拟 1000 次试验的估算结果：

```
*Main> dice_point6_pro 1000
0.16589999
*Main> dice_point6_pro 1000
0.1672599
*Main> dice_point6_pro 1000
0.16546007
```

因此，可以用 0.17 作为抛一次骰子 6 点出现的概率。对于一个公平骰子，每个点数出现的理论概率值均为 0.17。

注 5 为了简单起见，在函数 dice_point6_frequencies 定义中使用了常数 100 表示一次试验中抛骰子的次数。更通行的方法是将该次数作为函数的参数。

7.2.3 识别计算模式

仔细观察 7.2.1 节模拟计算的函数定义，我们发现模拟多次抛骰子的函数 throw_many_times 和模拟多次试验的函数 dice_point6_frequencies 具有相同的模式。函数 throw_many_times 重复 throwDice（IO Int 类型）若干次，并返回这些动作结果构成的列表，结果类型是 IO [Int]。同样，模拟多次试验的函数 dice_point6_frequencies 运行 dice_freq 6 100（类型为 IO Float）若干次，返回类型为 IO [Float]。因此，可以将重复的动作抽象为一个输入参数，定义重复若干次某个动作，并返回这些动作结果列表的通用函数：

```
rep :: IO a -> Int -> IO [a]
rep action 0 = return []
```

```
rep action n = do
    x <- action
    xs <- rep action (n-1)
    return (x:xs)
```

因此，以上两个函数都是这个通用函数的特例。发现相同计算模式，定义通用函数，避免重复代码是程序设计的惯用方法。

再例如，现在计算每次抛 6 个骰子，其中最少出现一个 6 点的概率。例如，以下是每次抛 6 个骰子出现的结果，其中用到了函数 rep：

```
*Main> rep throwDice 6
[6,6,6,5,4,3]
*Main> rep throwDice 6
[5,6,5,1,5,3]
*Main> rep throwDice 6
[5,2,3,4,1,3]
*Main> rep throwDice 6
[1,1,5,1,6,2]
*Main> rep throwDice 6
[1,4,2,1,2,5]
```

其中，第 1、2 和 4 次都至少出现了一个 6 点。

如果定义抛 6 个骰子为一次试验：

```
throw6Dice :: IO [Int]
throw6Dice = rep throwDice 6
```

那么需要重复这种试验若干次，统计至少有一个 6 点出现事件的频率：

```
atleast_one_6point_fre :: Int -> IO Float
atleast_one_6point_fre n = do
    xs <- rep throw6Dice n
    let k = length [x | x<- xs, elem 6 x]
    return (fromIntegral k / fromIntegral (length xs))
```

其中，库函数 elem 判断一个元素是否在一个列表中。例如，抛 100 次计算"至少有一个 6 点"出现的频率：

```
*Main> atleast_one_6point_fre 100
0.66
*Main> atleast_one_6point_fre 100
0.69
*Main> atleast_one_6point_fre 100
0.69
*Main> atleast_one_6point_fre 100
0.61
*Main> atleast_one_6point_fre 100
0.75
```

最后，重复运行若干次 `atleast_one_6point_fre`，统计其平均值作为事件概率估算值：

```
atleast_one_6point_pro :: Int ->Int ->IO Float
atleast_one_6point_pro n m = do
    xs <- rep (atleast_one_6point_fre n) m
    return (average xs)
```

下面是每次试验抛 100 次，做 1000 次试验的"抛 6 个骰子，至少有一个 6 点"出现的概率估算结果：

```
*Main> atleast_one_6point_pro 100 1000
0.66605055
*Main> atleast_one_6point_pro 100 1000
0.6663396
*Main> atleast_one_6point_pro 100 1000
0.6635504
*Main> atleast_one_6point_pro 100 1000
0.6626296
```

因此，可以用 0.66 作为"抛 6 个骰子，至少有一个 6 点"出现的概率值。这也是公平骰子的理论计算结果。

另外，计算频率时均用到了下列模式的函数 frequency：

```
frequency :: [a] -> (a ->Bool) -> Float
frequency xs  isEvent =
                fromIntegral (length [x | x<- xs, isEvent x])
                    / fromIntegral (length xs)
```

第一个输入列表是多次试验的结果，第二个输入是判断一个结果是否指定事件，类型为 `a -> Bool`，输出的是其中指定事件出现的频率。

例如，函数 `atleast_one_6point_fre` 可以用 frequency 重新定义：

```
atleast_one_6point_fre :: Int -> IO Float
atleast_one_6point_fre n = do
    xs <- rep throw6Dice n
    return (frequency xs (\x ->elem 6 x))
```

7.2.4　用蒙特卡洛方法估算 π 的近似值

假设在图 7.1 中随机均匀地抛豆子，那么事件"豆子落在圆内"的概率应该是圆面积与正方形面积之比。不妨设圆的半径为 1，因此正方形的边长为 2，由此计算得该事件的概率为 $\pi/4$。

另一方面，可以通过模拟随机均匀抛豆子的方法估算该事件的概率。利用该估算值可以估算 π 的近似值。这种抽样统计估算的方法称为**蒙特卡罗方法**（Monte Carlo Method）。

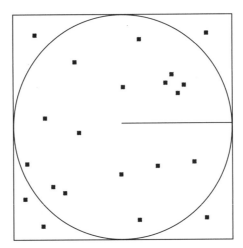

图 7.1   在包含单位半径圆的正方形中随机抛豆子

假设正方形左下角位于原点。计算"豆子落在圆内"频率的步骤如下。

（1）定义模拟抛豆子的动作函数，并返回豆子所在坐标：

```
randomPoint :: IO (Float,Float)
randomPoint = do
    x <- randomRIO (0,2.0)
    y <- randomRIO (0,2.0)
    return (x,y)
```

（2）定义模拟一次试验的函数。例如，抛 1000 个豆子为一次试验，计算豆子落在圆内的频率：

```
inCircleFre :: IO Float
inCircleFre = do
    let n = 1000
    xs <- rep randomPoint n
    let y = length [x|x<-xs, inCircle x]
    return  (fromIntegral y / fromIntegral n)
```

（3）计算若干次（如 100 次）试验频率的均值，将其作为事件概率近似值，最后返回概率估值的 4 倍作为 π 的近似值：

```
compute_pi :: IO Float
compute_pi = do
    let m = 100
    xs <- rep inCircleFre m
    let z = average xs  -- 豆子落在圆内的概率近似值
    return (4*z)        -- 返回 pi 的近似值
```

例如，运行以上函数观察结果：

```
*Main> compute_pi
3.1457603
```

```
*Main> compute_pi
3.1361206
*Main> compute_pi
3.1357996
*Main> compute_pi
3.1469595
```

可见，利用蒙特卡罗方法计算 π 值可以得到比较理想的结果。

7.2.5 一个简单猜拳游戏

本节讨论猜拳游戏"石头、剪刀和布"的设计和实现。假设游戏的玩家是计算机和用户。用户用键盘输入手势，计算机使用某种策略或者随机出拳。下面用玩家 A 表示用户，玩家 B 表示计算机。

游戏程序通过比较两个玩家的手势判断每一轮出拳的赢家，然后使用三局二胜的规则判断最后赢家。

首先考虑手势的表示。一方面可以用三个整数表示三个不同的手势。另一方面，可以自定义表示手势的类型如下：

```
data Hand = Rock | Scissor | Paper deriving (Show, Eq, Enum)
```

其中，三个构造函数 Rock、Scissor 和 Paper 分别表示石头、剪刀和布。

有时需要用自然数给一个类型的值编号，例如，分别用 0、1 和 2 表示 Hand 的三个值 Rock、Scissor 和 Paper。Haskell 为此提供了**类族 Enum**（枚举）支持下列方法：

```
class Enum a where
  toEnum :: Int -> a
  fromEnum :: a -> Int
```

使用 deriving Enum 生成类型 Hand 上的相应函数，fromEnum (:: Hand -> Int) 分别将 Hand 的三个值 Rock、Scissor 和 Paper 转换为 0、1 和 2，toEnum (:: Int -> Hand) 分别将 0、1 和 2 转换为 Rock、Scissor 和 Paper。

```
*Main> fromEnum Rock
0
*Main> toEnum 0 :: Hand
Rock
*Main> fromEnum Paper
2
*Main> toEnum 2 :: Hand
Paper
```

为了随机生成 Hand 类型表示的手势，可以首先生成 0~2 的随机值，然后将该值用 toEnum 转换为 Hand 的值。另一种途径是将 Hand 定义为 Random 的实例，然后使用方法 randomIO :: IO Hand 直接生成随机手势。下面给出 Hand 作为 Random 实例的定义。

查看 Random 类族信息:

```
class Random a where
  randomR :: RandomGen g => (a, a) -> g -> (a, g)
  random :: RandomGen g => g -> (a, g)
  randomRs :: RandomGen g => (a, a) -> g -> [a]
  randoms :: RandomGen g => g -> [a]
  randomRIO :: (a, a) -> IO a
  randomIO :: IO a
  {-# MINIMAL randomR, random #-}
      -- Defined in 'System.Random'
```

其中, {-# MINIMAL randomR, random #-} 表示, 将 Hand 定义为 Random 的实例, 至少需要定义两个函数:

```
randomR :: RandomGen g => (Hand, Hand) -> g -> (Hand, g)
random :: RandomGen g => g -> (Hand, g)
```

Random 的其他方法可以使用默认定义。实现这两种方法的简单途径是借用 Int 作为 Random 实例的相应方法, 生成随机整数, 然后将其转换为 Hand 的对应值:

```
instance Random Hand where
    random g = case randomR (0,2) g of
                    (r, g') -> (toEnum r, g')
    randomR (a,b) g=case randomR (fromEnum a,fromEnum b) g of
            (r, g') -> (toEnum r, g')
```

这里使用了 **case 表达式**, 又因为 case 后面表达式的计算结果是二元组, 因此使用了二元组模式。

注 6 **case 表达式**的一般形式:

```
case e of
    p1 -> e1
    p2 -> e2
    ...
    pk -> ek
```

其中, e 是一个表达式, 将其依次与下面的模式 p1, p2, ..., pk 匹配, 第一个匹配成功的模式 pi 对应的 ei 便是 case 表达式的值。例如, 使用 case 表达式定义一个函数:

```
next :: Hand -> Hand
next h = case h of
    Rock    -> Paper
    Scissor -> Rock
    Paper   -> Scissor
```

使得 next h 是击败 h 的手势:

```
*Main> next Paper
Scissor
*Main> next Rock
Paper
```

现在便可以使用 Random 的方法 `randomIO` 得到随机手势了：

```
*Main>randomIO :: IO Hand
Rock
*Main>randomIO :: IO Hand
Rock
*Main>randomIO :: IO Hand
Paper
*Main>randomIO :: IO Hand
Scissor
```

游戏每一轮的基本操作包括如下。

（1）取得玩家 A 和玩家 B 的手势。

（2）比较两个玩家的手势，决定本轮赢家。

（3）比较两个玩家得分，如果有一方胜出两手，则终止，否则，转到（1）继续。

玩家 B 的手势可以用 randomIO 获得。假定玩家 A 分别用 p、r 和 s（不分大小写）分别表示布 (paper)、石头 (rock) 和剪刀 (scissor)，则取得玩家 A 的手势是一个 IO 程序，将其命名为 getHand：

```
getHand :: IO Hand
```

该函数用 getChar 读取键盘输入手势，并将其转换为 Hand 的相应值。为此，可以定义将字符表示的手势转换为 Hand 手势的函数：

```
char_to_Hand :: Char -> Hand
```

以上两个函数的定义留作练习。

对于第（2）步比较两个玩家的赢家，因为比较两个手势有三种结果：玩家 A 赢、玩家 B 赢或者平手。为此，定义下面比较结果为 Int 类型的函数：

```
win :: Hand -> Hand -> Int
win Rock Scissor    = 1
win Scissor Paper = 1
win Paper Rock    = 1
win Paper Scissor = -1
win Scissor Rock  = -1
win Rock Paper    = -1
win _ _           = 0
```

现在尝试编写游戏主函数：

```
play_human_computer :: IO()
play_human_computer = do
    c <- randomIO :: IO Hand  -- 玩家 B 出拳
    h <- getHand              -- 玩家 A 出拳
    let k = win h c           -- 确定本轮胜负
    ...
```

上面定义尝试中, 取得本轮比较结果后需要根据两个玩家的得分决定是否继续, 即递归
调用函数 play_human_computer, 还是结束。这里似乎需要得到两个玩家先前的分数,
并将本轮结束后的分数传递到下一次递归调用中。可以为该函数添加两个参数, 分别表
示两个玩家的当前分数, 为此, 将游戏主函数修改如下:

```
play_human_computer:: Int -> Int -> IO()
play_human_computer k1 k2 = do
    c <- randomIO :: IO Hand  -- 取得玩家 B 的手势
    putStr " 请玩家 A 输入手势 (R) 石头, (S) 剪刀, (P) 布:"
    h <- getHand              -- 取得玩家 A 的手势
    putStrLn (" 玩家 A: " ++ show h)
    putStrLn (" 玩家 B: " ++ show c)
    let k = win h c
    case k of
      (1) -> do
          putStrLn " 本轮玩家 A 胜"
      (0) -> do
          putStrLn " 本轮平手"
      (-1) -> do
          putStrLn " 本轮玩家 B 胜"
    let k3 = k1 + (if (k==1) then 1 else 0)
    let k4 = k2 + (if (k== -1) then 1 else 0)
    putStr " 玩家 A 得分: "
    print k3
    putStr " 玩家 B 得分: "
    print k4
    if (k3 >=2 && k3 >k4) then
      putStrLn " 玩家 A 赢了! "
      else if (k4 >=2 && k4 > k3) then
       putStrLn " 玩家 B 赢了! "
      else
         play_human_computer k3 k4
```

开始游戏时调用 play_human_computer 0 0。例如,

```
*Game> play
请玩家 A 输入手势 (R) 石头, (S) 剪刀, (P) 布: 请输入手势:R
玩家 A: 石头
玩家 B: 剪刀
本轮玩家 A 胜
玩家 A 得分: 1
玩家 B 得分: 0
请玩家 A 输入手势 (R) 石头, (S) 剪刀, (P) 布: 请输入手势:R
玩家 A: 石头
```

```
玩家 B：布
本轮玩家 B 胜
玩家 A 得分：1
玩家 B 得分：1
请玩家 A 输入手势 (R) 石头，(S) 剪刀，(P) 布：请输入手势:R
玩家 A：石头
玩家 B：石头
本轮平手
玩家 A 得分：1
玩家 B 得分：1
请玩家 A 输入手势 (R) 石头，(S) 剪刀，(P) 布：请输入手势:R
玩家 A：石头
玩家 B：布
本轮玩家 B 胜
玩家 A 得分：1
玩家 B 得分：2
玩家 B 赢了！
```

7.3　文件读写与数据处理

程序处理的数据往往存储在外存，处理后的数据要往往写到外存。因此，数据处理的过程通常涉及三个步骤。

（1）读取外存（如硬盘或者键盘）的数据，并将其转换为合适的数据结构（如整数列表）。

（2）用纯数学函数对数据进行处理。

（3）将处理的结果写到外存。

7.3.1　文件读写

Haskell 支持下列文件操作：

```
readFile   :: FilePath ->IO String
writeFile  :: FilePath -> String -> IO ()
appendFile :: FilePath -> String -> IO ()
```

文件读写

其中，FilePath 是文件名类型：

```
type FilePath = String
```

操作 `readFile file` 打开文件 file，将文件内容用字符串形式返回。操作 `writeFile file content` 将 content 写入文件 file，如果文件 file 不存在，则创建该文件；如果 file 已经存在，则用 content 替换原有内容。如需在文件尾部添加内容，则用 appendFile。

例 7.7　假设文件 datafile.txt 存储了下面两行文字：

```
Haskell is a functional language.
It's pure.
```

下面读文件操作将文件内容绑定到 ts:

```
Prelude> ts <- readFile "datafile.txt"
Prelude> ts
"Haskell is a functional language.\nIt's pure.\n"
```

下面操作在文件尾部添加一个文本行"It's also lazy.":

```
Prelude> appendFile "datafile.txt" "It's also lazy."
Prelude> ts <- readFile "datafile.txt"
Prelude> ts
"Haskell is a functional language.\nIt's pure.\nIt's also lazy."
```

下列程序读取当前 datafile.txt 内容, 统计其中单词个数, 然后将单词数目写入另一个文件中。

```
read_write :: IO ()
read_write = do
    ts <- readFile "datafile.txt"
    let rs =  words ts
    let n = length rs
    writeFile "result.txt"
            ("Total number of words:" ++ show n)
```

为简单起见, 这里只用 words 将文件内容拆分为不含空格字串的序列。

7.3.2　数据处理

本节以数值数据和文字数据处理为例, 说明数据处理的模式。

当存储在外存的数据是数值时, 读入数据后需要先将其转换为数值, 然后用纯函数对数据处理。将数值数据写入外存时, 也需要将数值转化为字符串存储。

例 7.8　读取一个数据文件, 输出其中的最大值和平均值, 并将其写入另一个文件。假定输入为文本文件 input_data.txt, 包含若干实数, 中间用空格分隔, 例如,

```
1.72 2.0 1.78 1.80 1.89 2.1 1.79
```

按照前面所讲模式, 处理过程分三步: 读取数据、处理数据、存储数据。

(1) 将数据读入一个实数列表:

```
main = do
    ss <- readFile "input_data.txt"
    let ds = [read x :: Float | x <- words ss]
```

注意, 这里首先用函数 words 将 readFile 读到的整个串分解成数值串的列表, 然后将每个数值串用函数 read 转换为 Float。如将串"1.72" 转换浮点数 1.72。

(2) 对实数列表进行处理, 计算相应的最大值和平均值:

```
get_max_av :: [Float] -> (Float, Float)
get_max_av xs = (maximum xs,sum xs /
                            (fromIntegral $ length xs))
```

（3）将输出数据格式化并写入文件。例如，将数据写入文件 output_data，最后程序如下：

```
main = do
    ss <- readFile "input_data.txt"
    let ds = [read x :: Float | x <- words ss]
    let (m, a) = get_max_av ds
    let results = "maximum = " ++ show m ++ "\naverage = "++show a ++"\n"
    writeFile "output_data.txt" results
```

例 7.9　读取一个文本文件，输出各个词出现的次数，并将其写入另一个文件。要求按照次数由大到小的顺序排列，次数相同时，按照字典序排列。例如，输入为文本文件 wonderfulWorld.txt：

```
I see trees of green
Red roses too
I see them bloom
For me and for you
And I think to myself
What a wonderful world
I see skies of blue
And clouds of white
The bright blessed day
The dark sacred night
And I think to myself
What a wonderful world
```

输出为 wonderfulWorld_word_fre.txt：

```
i:5
and:4
of:3
see:3
...
trees:1
white:1
you:1
```

程序的重点是设计不含 IO 操作的文本处理函数 count_fre：将输入文本中所有单词的列表转化为输出要求的单词及出现次数的列表，并按照要求排序。

```
count_fre :: [String] -> [(String, Int)]
```

这个问题同 5.3 节的词频统计基本一样，只是最后单词排列次序按照次数从大到小排列。仍然将这个转换过程分解为下列几步，并分别设计处理函数。

(1) 将 readFile 读入的 String 转换为单词的列表，可由函数 words 完成。因为不区分大小写，因此可以全部改为小写：

```
step1 :: String -> [String]
step1 lines = [map toLower w | w <- words lines]
```

(2) 将单词列表按照字典序排序，可由排序函数 sort 完成：

```
step2 :: [String] -> [String]
step2 = sort
```

(3) 将相邻的相同的单词分组，并统计各个单词出现次数，可由函数 group 分组，然后统计：

```
step3 :: [String] -> [(String, Int)]
step3 ss = [(head w, length w ) | w <- group ss]
```

(4) 再按照输出要求，对单词及次数列表进行排序。这一步需要使用函数 sortBy 完成，其中第一个参数是比较函数：

```
step4 :: [(String, Int)] -> [(String, Int)]
step4 xs = sortBy comp xs

comp :: (String, Int) -> (String, Int) -> Ordering
comp (s,m) (t, n)
   | m < n = GT
   | m > n = LT
   | otherwise = compare s t
```

因为排序函数默认从小到大排序，即 a < b (即 compare a b 的结果为 LT) 时 a 排在 b 之前。函数 comp 说明，对于两个二元组 (s, m) 和 (t, n)，当 m > n 时 com (s,m) (t,n) 的结果是 LT，因此 (s, m) 将排在 (t, n) 之前。

最后，将第 (4) 步输出转换为输出要求的格式串，以便用 writeFile 写入文件：

```
format :: [(String,Int)] -> String
format xs = unwords [ w ++ ":" ++ show n ++ "\n"
                                   | (w,n) <- xs]
```

整个处理函数如下：

```
main ::IO()
main = do
   lines <- readFile "wonderfulWorld.txt"
   let res = count_fre lines
   writeFile "wonderfulWorld_word_fre.txt" (format res)
```

7.4 习题

1. 设计一个程序，模拟抛一次硬币正面出现的概率。

2. 设计一个程序，模拟连续抛硬币多次，直至连续出现两个正面。通过模拟观察，连续出现两个正面和连续出现一个正面和一个反面的两个模式，哪个更快出现。

3. 牛顿-佩皮斯(Newton–Pepys) 问题是关于掷骰子概率问题(参见 https://en.wikipedia.org/)。1693 年佩皮斯写信请教牛顿一个概率问题：下面哪个事件的概率最大？

(1) 独立地抛 6 个骰子，至少出现一个 6。

(2) 独立地抛 12 个骰子，至少出现两个 6。

(3) 独立地抛 18 个骰子，至少出现三个 6。

你的任务是用模拟的方式给出以上问题的答案。

4. 实现"石头、剪刀和布"游戏中的函数 getHand 和 char_to_Hand。

5. 假设输入是一些卡号的文本文件 cards.txt，如

```
5206755864819202
1379105492196115
54095129864236 49
2705286724993610
4590339523768086
...
```

设计一个程序，读取卡号文件，然后分别将其中的合法卡号和非法卡号输出到两个文件中。一个卡号是否合法，鉴别方法如下，以 4012888888881881 为例：

(1) 由右至左，将卡号的偶数位数加倍，得到数字序列：[8, 0, 2, 2, 16, 8, 16, 8, 16, 8, 16, 8, 2, 8, 16, 1]，然后将二位数的个十位分开：[8, 0, 2, 2, 1, 6, 8, 1, 6, 8, 1, 6, 8, 1, 6, 8, 2, 8, 1, 6, 1]。

(2) 求得该数字序列的和，如上述和为 90。

(3) 如果以上和能被 10 整除，则卡号是合法的，否则是非法的。例如，4012888888881891 是非法的，因为最后求得的和为 92，不能被 10 整除。

6. 实现 Hangman 游戏：程序秘密写下一个词，然后用户猜答案。程序每次显示猜中位置的字母。例如，如果秘密单词是 Haskell，用户输入 Pascal，则程序显示"-as-l-"，然后让用户重新猜，直至猜中。

惰性计算

一个 Haskell 程序是一个从输入数据集合到输出数据集合的函数，程序的运行就是对程序应用于实际参数的表达式求值，或者说计算表达式的值。Haskell 使用**惰性计算**（lazy evaluation）策略，因此，Haskell 是一种惰性语言，又称非严格的语言。

8.1 惰性计算概述

8.1.1 惰性与严格

惰性的反义词是严格。一个函数称为**严格的**（strict），当将其应用于实参时，如果对实参求值的计算不终止，那么对函数应用于实参的表达式求值计算也不终止。例如，计算 take 10 [1..] 的值时，对第二个实参 [1..]（无穷列表）求值的计算不会终止，如果 take 10 [1..] 的计算策略是先计算两个实参的值，然后再取第二个实参的前 10 个元素，由于第二个参数的计算不终止，函数 take 应用于两个实参的计算也将不会终止，所以，这样的 take 函数将是一个**严格的函数**。但是，因为 Haskell 采取惰性计算策略，计算 take 10 [1..] 将终止，并返回值 [1..10]。也就是说，Haskell 的函数 take 是**非严格的函数**，Haskell 是**非严格语言**（non-strict）。

Haskell 惰性计算的含义包括以下三个方面。

（1）能不算就不算，实际参数只有在求值过程中需要计算时才被计算。

（2）能少算就少算，一个实参不必完全计算（例如，如果实参是一个无穷列表，只需要计算列表的有穷部分）。

（3）能算一次就不算两次，在求值过程中，每个表达式最多求值一次。

下列例子分别说明了三个规则的含义。

例 8.1 给定下面函数定义：

```
f x y = x + 1
```

计算f 10 (2^12345678) 的值时，如果按照严格计算策略，则需要先计算第一个实参
10 和第二个实参2^12345678 的值（比较耗时的过程），然后根据函数定义给出结果 11。
但是，惰性计算是根据需要计算的。在以上例子中，第二个实参并不是必需的，因此惰
性计算策略不会对这个耗时的表达式求值。

例 8.2　函数 any 具有下列类型和定义：

```
any :: (a ->Bool) ->[a] -> Bool
any p (x:xs) = if p x then True else any p xs
any p []      = False
```

它检查第二个列表参数是否包含满足第一个参数指定性质的元素。例如，表达式any (\x
-> mod x 2 == 0) [1,3,2,4,6,2] 将检查列表中是否存在偶数，如是则返回 True，否
则返回 False。该函数在顺序检查列表的每个元素是否满足指定性质时，在遇到第一个
满足性质的元素（如第一个 2）后即可终止计算，返回结果 True。从 any 的定义中也
可以观察到这种惰性计算的策略。

再例如，计算 take 10 [1..] 时，根据 take 的定义，只需要计算无穷列表 [1..] 的
前 10 个元素，不需要计算其他的元素。

例 8.3　定义下列函数

```
g :: Int -> Int -> Int
g x y = x + x + 12
```

则根据定义，g (12-3) (g 34 2) = (12-3) + (12-3) + 12，其中 (g 34 2) 不需要
计算，表达式 (12-3) 虽然出现了两次，但只需计算一次。

8.1.2　计算规则

一个函数的定义由一些模式等式构成。每个模式等式可能由多个子句（以"|"开始
的条件、等号和表达式）构成，而且可以包含多个 where 引导的局部定义。

惰性计算

```
f p1 p2 ... pk
   | g1         = e1
   ...
   | otherwise  = er
   where
     v1 a11 ... = r1
f q1 q2 ... qk  = ...
```

在计算函数 f 应用于某些输入的表达式 f a1 a2 ...　ak 时，Haskell 按照下列规
则进行。

（1）按照从上到下的次序检查哪个模式匹配，确定使用哪个等式。

（2）检查该模式下哪个条件成立，确定使用哪个等式。

（3）计算局部定义。

例 8.4　假设有下列函数定义：

```
f :: [Int] -> [Int] -> Int
f []   xs    = 0
f xs   []    = 0
f (x:xs) (y:ys)
  | not (null zs) = front zs
  | otherwise = x
  where zs = [x..y]
        front [z] = z
        front (u:v:zs) = u+v
```

在计算表达式 f [1..3] [2..5] 时，首先检查输入是否匹配第一个模式，为此需要计算第一个参数 [1..3]。因为 [1..3] = 1 : [2,3] 与空列表不匹配，为此检查输入是否与第二个等式模式匹配，为此需要计算第二个参数 [2..5]。同理，[2..5] = 2 : [3..5] 与空列表不匹配，因此检查输入是否与第三个等式模式匹配，为此需要计算两个输入，分别得到 1:[2..3] 和 2:[3..5]，此时可以确定第三个等式模式匹配，而且 x = 1, y = 2。接下来需要计算下面的哪个条件成立。这里用到了局部定义的 zs，根据 zs 计算结果 zs =[1..2]，第一个条件 not (null zs) 成立，因此继续计算 front zs。注意，zs 虽然出现了两次，但是只计算一次。最后，根据 front 模式匹配定义，按照第二个模式计算结果为 1+2，即 3。

当计算存在次序选择时，计算由外至内、由左至右进行。例如 $f_1 (f_2 e_1 e_2)$，先计算 f_1 的函数应用，根据需要再计算 $f_2 e_1 e_2$。对于 $f_1 e_1 + f_2 e_2 e_3$，先计算 $f_1 e_1$，后计算 $f_2 e_2 e_3$。

8.1.3 局部定义

利用惰性计算机制，在一个表达式中同一个子表达式多次出现时，可以使用局部定义，以减少重复计算。例如，在计算系数分别是 a、b 和 c 的一元二次方程的两个根时，可以将重复出现的判别式用局部定义表示：

```
roots :: Float -> Float -> Float -> (Float, Float)
roots a b c = ((-b + d)/2, (-b - d)/2)
            where
            d = sqrt (b^2 - 4*a*c)
```

再例如，牛顿-拉森迭代法求 r 平方根的迭代法公式为 $x_n = (x_{n-1} + r/x_{n-1})/2$，$x_0$ 为初值。用 nr x0 r n 表示迭代值 x_n，定义可写成

```
nr :: Float -> Float -> Integer -> Float
nr x0 r 0 = x0
nr x0 r n = (x1 + r/x1)/2
    where
    x1 = nr x0 r (n-1)
```

8.2　无穷数据结构

惰性计算的一个重要作用是可以使用无穷结构，特别是无穷列表。虽然无穷结构的完全计算不会终止，但是用户往往只需要计算无穷结构中的一部分而不是全部，惰性计算为此提供了支持。

无穷数据结构

8.2.1　斐波那契数列

可以定义求第 n 个斐波那契数的函数：

```
fib :: Integer -> Integer
fib 0 = 1
fib 1 = 1
fib n = fib (n-1) + fib (n-2)
```

另一方面，可以用如下方式描述整个斐波那契数列：

```
fibs :: [Integer]
fibs = 1:1:[x + y | (x,y) <- zip fibs (tail fibs)]
```

这里巧妙地使用递归和函数 zip，先将整个序列 fibs 及其尾部 (tail fibs) 对应元素组对，然后用列表概括表达了整个序列 fibs。

在这个无穷列表 fibs 上，可以用索引运算 `fibs !! n` 求得第 n 个斐波那契数。在这个过程中，惰性计算根据 n 值，只计算到 fibs 的第 n 个数值为止。

以上例子是一种典型的"生产者-消费者"计算模式：惰性计算允许表达无穷数据结构，从而将一个问题的解分解成 f 和 g 的复合 g . f 的模式，其中 f 是"生产者"，g 是"消费者"，生产者构造的中间结果是消费者 g 的输入，这种中间结果可以是无穷的结构，而 f 的生产量根据 g 的需要决定，不多也不少。

8.2.2　埃拉托色尼筛法

如果一个正整数只能被 1 和它本身除尽，则称为素数。例如，2、3、5 和 7 等是素数，但 4、6、8 和 9 不是素数。2000 多年前希腊数学家埃拉托色尼给出了著名的素数筛法（Eratosthenes Sieve）：不断删除已经生成的素数的所有倍数来生成所有的素数。以筛选 2~20 的素数为例：

（1）序列 $\underline{2}$, 3, 4, 5, 6, 7, 8, 9, 10, 11, 12, 13, 14, 15, 16, 17, 18, 19, 20 的第一个数 2 是素数，用下画线表示。

（2）将素数 2 之后所有 2 的倍数删除，由此得到的序列中第一个未被删除的数 3 是素数，用下画线表示：

$$\underline{2}, \underline{3}, \cancel{4}, 5, \cancel{6}, 7, \cancel{8}, 9, \cancel{10}, 11, \cancel{12}, 13, \cancel{14}, 15, \cancel{16}, 17, \cancel{18}, 19, \cancel{20}$$

（3）将素数 3 之后所有 3 的倍数删除，由此得到的序列中第一个未被删除的数 5 是素数，用下画线表示：

$$\underline{2}, \underline{3}, \cancel{4}, \underline{5}, \cancel{6}, 7, \cancel{8}, \cancel{9}, \cancel{10}, 11, \cancel{12}, 13, \cancel{14}, \cancel{15}, \cancel{16}, 17, \cancel{18}, 19, \cancel{20}$$

（4）将素数 5 之后所有 5 的倍数删除，由此得到的序列中第一个未被删除的数 7 是素数，用下画线表示：

$$2, 3, \cancel{4}, 5, \cancel{6}, 7, \cancel{8}, \cancel{9}, \cancel{10}, 11, \cancel{12}, 13, \cancel{14}, \cancel{15}, \cancel{16}, 17, \cancel{18}, 19, \cancel{20}$$

（5）如此反复，直至得到素数 19：

$$2, 3, \cancel{4}, 5, \cancel{6}, 7, \cancel{8}, \cancel{9}, \cancel{10}, 11, \cancel{12}, 13, \cancel{14}, \cancel{15}, \cancel{16}, 17, \cancel{18}, 19, \cancel{20}$$

埃拉托色尼可以用如下递归和列表概括表示：

```
sieve (x:xs) = x : sieve [y | y <- xs, y ‘mod‘ x >0]
```

它表示第一个数 x 是素数，列表概括 [y | y <- xs, y ‘mod‘ x >0] 表示将 x 的倍数删除后的列表，递归调用则表示重复同样的计算。

将筛法应用于列表 [2..] 可以求得所有素数的无穷列表：

```
primes = sieve [2..]
```

然后用索引运算!! 取得第 n 个素数。例如，

```
*Main> primes !! 300
1993
*Main> primes !! 301
1997
*Main> primes !! 302
1999
*Main> primes !! 305
2017
*Main> primes !! 306
2027
```

可见，2019、2021 和 2023 都不是素数。

8.2.3　牛顿-拉森迭代法

利用牛顿-拉森 (Newton-Raphson) 迭代公式 $a_n = (a_{n-1} + r/a_{n-1})/2$ 求 r 的平方根，可以分解成两步。

（1）先计算从初始值开始的逼近序列：

```
[a0, a1, a2, ...]
```

这个序列可以是无穷序列，下一步的消费者决定需要生成多少迭代值。

（2）在迭代序列中求得满足近似误差要求的迭代值，例如，当某个迭代值的平方与 r 的绝对误差很小时，或者当相邻的两个迭代值之比与 1 的绝对误差很小时，即可用该迭代值作为近似结果。

1. 计算无穷迭代序列的生产者

我们先来计算逼近序列。序列中的每一项是前一项应用迭代公式所得。假设迭代公式为 next：

```
next r x = (x + r/x)/2
```

用 f 表示 (next r)，则逼近序列为

```
[a0, f a0, f (f a0), f (f (f a0)), ...]
```

这是一种常见的计算模式，可以定义为一种高阶函数：

```
iterate f a0 = a0 : iterate f (f a0)
```

事实上，Prelude 提供了这样的库函数。

因此，给定正实数 r，则 r 的平方根逼近序列为

```
iterate (next r) a0
```

其中，a0 为初始值。

2. 迭代序列上的消费者

给定误差 eps，我们选择当相邻迭代值之比与 1 的绝对误差小于 eps 时，返回当前迭代值，作为 r 平方根的近似值。使用下列函数可以在此逼近序列中求得满足要求的平方根近似值：

```
within eps (a:(b:rest))
  | abs (a/b - 1) < eps = a
  | otherwise           = within eps (b:rest)
```

3. 生产者和消费者的黏合

最后，初始值为 a0，误差为 eps，r 的平方根可以通过黏合生产者和消费者得到：

```
sqt a0 eps r = within eps (iterate (next r) a0)
```

例如，

```
*Main> sqt 1 0.001 2
1.4142156862745097
*Main> sqt 1 0.001 3
1.7321428571428572
*Main> sqt 1 0.001 9
3.00009155413138
```

在这个例子中，惰性计算成功地将一个问题的解分解成为几个简单问题的解，并使得这些解能够很好地黏合到一起，得到问题的最终解。本例更详细的分析参见 John Hughes *Why Functional Programming Matters*[8]。

惰性计算策略表明一个函数不会计算或者修改其参数值，一个结果是语言的**纯粹性**（purity），即函数是纯数学函数，没有**副作用**（side-effect）。没有副作用指，程序的运行是表达式的计算，而计算表达式值时不会有计算表达式之外的任何作用。例如，不会像命令式程序那样修改全局变量的值，也不能与外部进行交互，如读键盘和写屏幕等。

没有副作用的函数更便于程序的推理与证明。例如，在设计简单图形库的例子中，容易证明，一个图形连续两次翻转的结果是原图形，即 upsideDown (upsideDown pic) 与 pic 是一样的。再例如，对一个图形做一次上下翻转和一次左右翻转，结果与两个翻转的次序无关。

8.3 习题

1. 试定义下列无穷列表：

(1) 直接定义由所有偶自然数构成的无穷列表。

(2) 直接定义由所有奇自然数构成的无穷列表。

(3) 利用 (1) 定义的列表和列表概括定义列表 (2)。

(4) 直接定义整数构成的列表 [0,1,-1,2,-2,...]。

(5) 直接定义由某个整数 m 开始的无穷列表，如由 m=11 开始的无穷列表 [11,12,...]。

2. 利用埃拉托色尼筛法定义的 primes，定义下列函数，判断一个给定的正整数是否素数：

```
isPrime :: Integer -> Bool
```

3. 汉明数（Hamming number）是只包含 2、3 和 5 为素数因子的数，即形如 $2^i 3^j 5^k (i,j,k \geqslant 0)$ 的数。试定义包含所有从小到大汉明数的列表：

```
hamming = [1,2,3,4,5,6,8,9,10,12,15,16,18,20,24,25,...]
```

4. 给定列表，求该列表所有前缀元素累加和的列表：

```
runningSum ::[Int] -> [Int]
```

例如，如果输入为 [a0,a1,a2,...]，那么输出是 [0,a0, a0+a1,a0+a1+a2,...]。

函子与单子

数据有不同的特性，由此抽象出不同的类型（type）。不同的类型也有共性，即可以进行类似的运算，由此抽象出类族（class）。本章进一步考虑类型的共性或抽象，特别是类型构造函数的抽象，并介绍几种类族（Functor、Applicative 和 Monad）。

9.1 类型构造函数及其种

Bool、Integer、String、[Int]、Maybe Int 都是特定的类型，而 Maybe 和 [] 是能够应用于任何类型构造新类型的函数，因此称为**类型构造函数**（type constructor）。也就是说，这些函数可以应用于任意具体类型，得到新的类型。例如，Maybe Int、Maybe [Int]、[Int]、[Maybe Int] 等。Bool、Int、Char 等也是类型构造函数，可以称为 0 元类型构造函数。Maybe 和 [] 等这些类型构造函数可理解为一元构造函数。

类型构造函数的"类型"称为**种**（kind），或者**类种**。定义基本类型和不带参数类型的种为 *，如 Int、[Int]、Maybe Int 等。一元类型构造函数（即带一个参数类型）的种为 * -> *，如 [] 和 Maybe。二元构造函数的种为 * -> * -> *，如 (,) 和 (->)，前者是构造二元组类型的构造函数，后者是构造函数类型的构造函数。

在解释器下可以用命令 :kind 查看一个类型构造函数的种，例如，

```
Prelude> :kind Int
Int :: *
Prelude> :kind [Int]
[Int] :: *
Prelude> :kind []
[] :: * -> *
Prelude> :kind Maybe
Maybe :: * -> *
Prelude> :kind (,)
(,) :: * -> * -> *
Prelude> :kind (->)
(->) :: * -> * -> *
Prelude> :kind IO
IO :: * -> *
```

```
Prelude> :kind ((,) Int)
((,) Int) :: * -> *
Prelude> :kind ((->) Int)
((,) Int) :: * -> *
Prelude> :kind (->) Int Int
(->) Int Int :: *
```

由此可见，种为 `* -> *` 的类型构造函数，包括 Maybe、IO 和 `(,) Int`，后者是第一个分量类型为 Int 的函数，即给定任意类型 a，该函数构造二元组类型（Int，a）。类似地，`(->) Int` 也是一个一元类型构造函数，其种为 `* -> *`，而 `(->) Int Int`(即 `Int -> Int`) 的种为 `*`。

9.2　函子

对于一个一元类型构造函数，如 Maybe，当需要将一个类型为 `a -> b` 的函数 f 应用于一个类型为 Maybe a 的计算结果 r 时，不能直接使用函数应用 f r（类型错误），而是需要将函数 f 应用于 r 中被"打包"的类型 a 的值，结果是 Maybe b 的值。例如，将 f = \x -> 3*x+1 嵌入式应用于 Just 3，结果是 Just 10，将其应用于 Nothing 的结果仍然是 Nothing。这种将函数"嵌入式"应用的类型应为

```
(a -> b) -> Maybe a -> Maybe b
```

换一种角度看，这种类型的运算将类型 `a -> b` 的函数转换为类型 `Maybe a -> Maybe b` 的函数。

注 1　类型构造函数-> 是右结合的，`(a -> b) -> Maybe a -> Maybe b` 等同于 `(a -> b) -> (Maybe a -> Maybe b)`。

类似地，对于一元类型构造函数 `[]`，将一个类型为 `a -> b` 的函数 f 应用于一个类型为 `[a]` 的结果类型是 `[b]`：

```
(a -> b) -> [a] -> [b]
```

在这种情形下，同样需要一个将类型 `a -> b` 的函数转换为类型 `[a] -> [b]` 的函数的运算，这个运算便是函数 map（:: `(a -> b) -> [a] -> [b]`）。

一般地说，对于一元类型构造函数 f 和类型 a，不妨将 f a 类型的元素看作一个**盒子**（box），其中"打包了"类型 a 的值。将 h :: `a -> b` 应用于 f a 类型的盒子时，其作用是将 h 应用于盒子中 a 类型的值，结果是包含了 b 类型值的盒子，即类型 f b，这种"嵌入式"函数应用的类型是 `(a -> b) -> f a -> f b`。换一种角度看，这种应用提供了类型 `a -> b` 到类型 `f a -> f b` 的转换运算。Haskell 将这类提供"嵌入式应用"或者转换运算的一元类型构造函数 f 称为 **Functor**（函子）。

9.2.1　Functor 类族

Functor 类族由一元类型构造函数组成，它们均支持函数的转换运算或者嵌入式应用：

```
class Functor (f :: * -> *) where
  fmap :: (a -> b) -> f a -> f b

instance Functor (Either a)
instance Functor []
instance Functor Maybe
instance Functor IO
instance Functor ((->) r)
instance Functor ((,) a)
```

Functor 的类族定义与 Eq 和 Ord 等不同的是，在参数 f 后面添加了 kind，它表明 Functor 的实例必须是一元类型构造函数。这里列出了 Functor 的几个实例。例如，[] 是一元类型构造函数，在该实例上定义的 fmap 类型为 (a -> b) -> [a] -> [b] 的函数（这里的类型构造函数 f 就是 []），即 map 函数：

```
instance Functor [] where
    fmap = map
```

9.2.2　Functor 的实例

Maybe 为 Functor 的实例，其定义如下：

```
instance Functor Maybe where
    -- fmap :: (a -> b) -> Maybe a ->Maybe b
    fmap f Nothing  = Nothing
    fmap f (Just x) = Just (f x)
```

例如，如果希望将函数应用于打包在 Just 3 中的数值 3，可以使用 fmap：

```
Prelude> fmap (\x-> 3*x + 1) (Just 3)
Just 10
```

转换函数 fmap 导出的**嵌入式函数应用**可以用中缀符号（<$>）表示[①]：

```
(<$>) :: Functor f => (a -> b) -> f a -> f b
g <$> x = fmap g x
```

例如，以上表达式也可以写成

```
Prelude> (\x-> 3*x + 1) <$> (Just 3)
Just 10
```

---

① 比照 Haskell 的函数应用运算：($) :: (a -> b) -> a -> b。

注 2 函子是来自一个数学分支范畴论 (category) 的概念。从数学角度定义，一个函子提供了 a -> b 到 f a -> f b 的转换映射 fmap，而且满足某些定律（见 9.2.3 节）。从函数程序设计角度讲，我们更关心的是由此导出的"嵌入式"应用运算<$>。

类型构造函数 IO 是 Functor 的实例，其定义为

```
instance Functor IO where
    -- fmap :: (a -> b) -> IO a -> IO b
    fmap f action = do
        result <- action
        return (f result)
```

例如，下面表达式将 read 应用于 getLine 返回的字符串，将其转化为 Int 类型：

```
Prelude> fmap (\x  -> read x ::Int) getLine
```

或者

```
Prelude> (\x  -> read x ::Int) <$> getLine
```

再例如，可以定义一元类型构造函数 (,) a 为 Functor 的实例：

```
instance Functor ((,) a) where
    -- fmap :: (b -> c) -> (a, b) -> (a, c)
    fmap f (x,y) = (x, f y)
```

9.2.3　函子定律

定义函子实例时，其方法应该满足下列定律：

（1）单位元律：

fmap id = id

（2）复合律：

fmap (f . g) = fmap f . fmap g

函子的**单位元律**（identity）表示 fmap 应用恒等函数的结果仍然是恒等函数。需要注意的是，单位元定律中等号两边的恒等函数 id 具有不同的类型，如果左边的 id 具有类型 a -> a，那么等号右边的 id 具有类型 f a -> f a。单位元律表示，将恒等映射应用于一个盒子中的元素时，结果是对盒子中元素不加任何修改，原封不动返回该盒子。

用盒子比喻来说，函子的**复合定律**（composition）表示，将复合函数 f . g 应用于一个盒子中的元素，相当于首先将 g 应用于该盒子中的元素，得到第二个盒子，然后将函数 f 应用于第二个盒子。

这些定律保证使用函子的代码满足基于这些定律的某些抽象性质。例如，可以用定律右边的表达式代替左边的表达式。

下面验证对于 Functor 的实例 Maybe，两个定律成立。对于单位元律等式，等式两边表达式的类型为 Maybe a -> Maybe a，因此，需要验证：对于 Maybe a 的任意元素 r，fmap id r 与 id r 相等。下面分情况验证：

（1）输入 r = Nothing，将单位元律左边表达式应用于 r：

```
  fmap id Nothing
= Nothing                    //fmap的定义
```

将单位元律右边表达式应用于 r：

```
  id Nothing
= Nothing                    //id的定义
```

（2）输入是 r = Just x，将单位元律左边表达式应用于 r：

```
  fmap id (Just x)
= Just x                     //fmap和id的定义
```

将单位元律右边表达式应用于 r：

```
  id (Just x)
= Just x                     //id的定义
```

类似地，验证复合定律等式成立，注意等式两边的表达式的类型为 Maybe a -> Maybe c，需要验证将等式两边表达式应用于类型 Maybe a 的任意元素 r 结果相等，这里假定 g :: a -> b，f :: b -> c。分情况验证。

（1）输入 r = Nothing，将复合律左边表达式应用于 r：

```
  fmap (f . g) Nothing
= Nothing                    //fmap的定义
```

另一方面，将复合律右边表达式应用于 r：

```
  ((fmap f) . (fmap g)) Nothing
= (fmap f) (fmap g Nothing)  //复合运算的定义
= fmap f Nothing             //fmap的定义
= Nothing                    //fmap的定义
```

（2）输入 r = Just x，将复合律左边表达式应用于 r：

```
  fmap (f . g) (Just x)
= Just ((f . g) x)           //fmap的定义
= Just (f (g x))             //复合运算的定义
```

另一方面，将复合律右边表达式应用于 r：

```
  ((fmap f) . (fmap g)) (Just x)
= (fmap f) (fmap g (Just x)) //复合运算的定义
= fmap f (Just (g x))        //fmap的定义
= Just (f (g x))             //fmap的定义
```

这样便验证了 Maybe 满足函子定律。验证其他函子实例满足函子定律留作习题。

此外，Functor 提供另一个具有默认定义的函数：

```
(<$) :: a -> f b -> f a
(<$) = fmap . const
```

其中，const :: a -> b ->a 是常数函数。例如，对于实例 Maybe：

```
(<$) :: a -> Maybe b -> Maybe a
x <$ Nothing = Nothing
x <$ (Just y) = fmap (const x) (Just y)
```

根据定义，fmap (const x) Just y 可以重写为 Just (const x y) = Just x。

对于函子实例 []：

```
(<$) :: a -> [b] -> [a]
x <$ ys = fmap (const x) ys
```

根据定义，fmap (const x) ys 可以重写为 map (const x) y，结果是由多个 x 构成的列表。例如，

```
*Main> (<$) 1 [2,3,4]
[1,1,1]
```

有关 Functor 的详细定义见 http://hackage.haskell.org/package/base-4.10.1.0/docs/Prelude.html。

9.3 Applicative 类族

对于一个一元类型构造函数 Maybe，当需要将一个类型为 Maybe (a -> b) 的函数 f 应用于一个类型为 Maybe a 的计算结果 r 时，既不能直接使用函数应用 f r（类型错误），也不能直接使用函子的"嵌入式"应用如 fmap f r（同样是类型错误），而是需要如下类型的应用：

```
Maybe (a -> b) -> Maybe a -> Maybe b
```

Applicative 就是具有这种结构的类族。

9.3.1 Applicative 类族及其实例

Applicative 类族是比 Functor 有更丰富结构的类族，它提供两种运算：一种是将一个值打包的净运算（**pure**）；另一种是将一个"打包"的函数应用到一个"打包"值的**函子应用**运算 <*>。

```
class Functor f => Applicative (f :: * -> *) where
  pure :: a -> f a
  (<*>) :: f (a -> b) -> f a -> f b

instance Applicative (Either e)
instance Applicative []
instance Applicative Maybe
instance Applicative IO
instance Applicative ((->) a)
instance Monoid a => Applicative ((,) a)
```

Applicative 前的约束 Functor f 表示，一个一元类型构造函数 f 首先必须是一个函子。净运算表示将任何值打包进盒子的运算。函子应用 <*> 的类型表示，取得第一个参数盒子里的函数，然后将其应用于第二个参数盒子（一个嵌入式应用）。因为这个类族提供了函子之间的应用，因此命名为**应用函子（Applicative）**类族。

例如，Maybe 可以如下定义为 Applicative 的实例：

```
instance Applicative Maybe where
    pure = Just
    Just f <*> Just x = Just (f x)
    _ <*> _ = Nothing
```

在这个定义中，pure v 定义为 Just v，表达了将一个值 v 不加修改地装入盒子的净运算。对于函子应用定义，如果可以从盒子中取得其中的函数，在这里表达为 Just f，则将其应用于右边盒子中的值，即 Just (f x)。对于其他的情况，只要运算两边的盒子有一个是空盒（Nothing），则结果也是 Nothing。

注 3 在 Maybe 的 Applicative 实例定义中，函子应用运算也可以用 <$> 表示：

```
instance Applicative Maybe where
    pure = Just
    Just f <*> x = f <$> x
    _ <*> _ = Nothing
```

因为 Maybe 是 Applicative 的实例，因此可以使用函子应用运算 <*>，例如，

```
Main> Just (\x -> 3*x + 1) <*> Just 3
Just 10
Main> [\x -> 3*x + 1, \x -> 2*x] <*> [1,3]
[4,10,2,6]
```

同样，[] 和 IO 可以如下定义为 Applicative 的实例：

```
instance Applicative [] where
    pure x = [x]
    []     <*> xs = []
    (f:fs) <*> xs = map f xs ++ fs <*> xs
```

```
instance Applicative IO where
    pure = return
    a <*> b = do
        f <- a
        x <- b
        return (f x)
```

9.3.2 Applicative 定律

Applicative 类族的实例必须满足以下定律。

（1）单位元律：

pure id <*> v = v

（2）复合律：

pure (.) <*> u <*> v <*> w = u <*> (v <*> w)

（3）同态律：

pure f <*> pure x = pure (f x)

（4）交换律：

u <*> pure y = pure ($ y) <*> u

例如，单位元律表示，对于包装了恒等函数的盒子 pure id，将其函子应用于任何盒子 v，结果仍然是 v。

下面验证实例 Maybe 满足交换律。对 u::Maybe (a -> b) 分情况验证：

（1）u = Nothing，此时，

```
  Nothing <*> pure y
= Nothing                  //<*>的定义
```

同时

```
  pure ($ y) <*> Nothing
= Nothing                  //<*>的定义
```

（2）u = Just v，此时，

```
  Just v <*> pure y
= Just v <*> Just y         //pure的定义
= Just (v y)                //<*>的定义
```

另一方面

```
  pure ($ y) <*> (Just v)
= Just ($ y) <*> (Just v)  //pure的定义
= Just (v $ y)              //<*>的定义
= Just (v y)               //($)的定义
```

因此，交换律成立。其他定律的验证留作习题。

9.4　单子

　　假设一个计算任务如下：在一个可能失败的 Maybe a 类型的计算之后，要完成一个类型 a -> Maybe b 的计算，也就是说，后一个依赖于前一个计算的结果，如果第一个计算失败，则第二个计算也失败，因此整个计算失败；如果第一个计算成功，则可以将第二个计算（函数）应用于第一个计算的结果，因此，整个计算的类型为 Maybe a -> (a -> Maybe b) -> Maybe b。

　　类似地，如果第一个计算是可能有副作用的 IO a 类型的动作程序，根据该动作完成后返回的（a 类型）结果，接着完成一个类型 a -> IO b 的计算，整个计算结果类型为 IO b，因此，这种运算的类型为 IO a -> (a -> IO b) -> IO b。

　　一般地说，对于一个一元类型构造函数 m，以上计算模式是将一个类型 m a 的计算和一个类型 a -> m b 的后继计算"绑扎"在一起，结果是类型 m b。**单子**（Monad）便是能够处理这类**绑扎**（**bind**）运算的类族。

9.4.1　单子定义和实例

　　Monad 类族是比 Applicative 有更丰富结构的类族，下面列出 Monad 类族的运算和实例：

```
class Applicative m => Monad (m :: * -> *) where
  (>>=) :: m a -> (a -> m b) -> m b
  (>>) :: m a -> m b -> m b
  return :: a -> m a
  fail :: String -> m a

instance Monad (Either e)
instance Monad []
instance Monad Maybe
instance Monad IO
instance Monad ((->) r)
```

　　运算 >>= 称为绑扎。使用这种绑扎运算，将前一个运算的结果作为第二个运算的输入，可以将一系列运算顺序连接。

　　在单子类族定义中，下列运算有默认定义：

```
  (>>)         :: forall a b. m a -> m b -> m b
m >> k = m >>= \_ -> k
  return       :: a -> m a
  return       = pure
  fail         :: String -> m a
  fail s       = errorWithoutStackTrace s
```

　　其中，>> 是绑扎的特殊形式，即后一个计算不依赖于前一个计算的结果。

　　类族 Monad 列出多个函数定义，其中某些函数有默认定义，在定义实例时不给出。单子实例的最少定义函数为 >>=。例如，Maybe 是 Monad 的实例，其定义如下：

```
instance  Monad Maybe  where
    -- (>>=) :: Maybe a -> (a -> Maybe b) -> Maybe b
    (Just x) >>= k    = k x
    Nothing  >>= _    = Nothing
```

列表构造函数 [] 也是 Monad 的实例，其定义如下：

```
instance Monad []   where
    -- (>>=) :: [a] -> (a -> [b]) -> [b]
    xs >>= f     = [y | x <- xs, y <- f x]
```

这个定义可以理解为：第一个计算有多个结果 xs，因此，后续的计算将 f 应用于前一个计算的每个结果，然后将所有这些结果串接在一起构成整个计算的结果。

一个单子定义了某种运算，可能失败，可能带有副作用，或者运算有多种结果，绑扎运算定义了两个运算如何衔接，如何传递这种作用。再例如，除法可能发生除数为零的情况，以下定义一种安全的除法：

```
safeDiv :: Maybe Int -> Maybe Int -> Maybe Int
safeDiv x Nothing = Nothing
safeDiv Nothing y = Nothing
safeDiv (Just x) (Just y) = if y==0 then Nothing
                                    else Just (div x y)
```

基于 Maybe 是单子的实例，使用绑扎运算 >>= 可以用更简洁的方式给出定义，并表达如何传递除法失败的影响：

```
(//) :: Maybe Int -> Maybe Int -> Maybe Int
x // y = x >>= (\a -> y >>= (\b -> if b==0 then Nothing
                                          else Just (div a b)))
```

9.4.2 单子的 do 语法

IO 也是一个单子，即 Monad 的实例。事实上，前面 IO 程序中使用的 do 语法是单子绑扎运算的一种方便语法表示，这种语法适用于所有单子，m1 >>= \k -> m2 简记为

```
do
   k <- m1
   m2
```

使用 do 的语法看起来更简洁，容易理解，常常将这种方便语法称为**糖衣语法**（syntax sugar）。

例如，以上定义的(//) 可以用 do 语法表达：

```
x // y = do
   a <- x
   b <- y
   if b == 0 then Nothing else Just (div a b)
```

表达式 m1 >> m2 则简记为

```
do
  m1
  m2
```

而 do 语法中的 let 绑定 let x = e 则等价于 let x = e in ...。例如,

```
do
  m1
  let x = e
  m2
```

等价于 m1 >> let x = e in m2。

9.4.3　单子定律

定义单子需要确保**单子定律**（Monad Law）成立。

（1）左单位元律:

return a >>= f = f a

（2）右单位元律:

m >>= return = m

（3）结合律:

(m >>= f) >>= g = m >>= (\x -> f x >>= g)

这里给出 Maybe 实例满足右单位元律和结合律的验证。对于右单位元律,对 m 分情况验证。

（1）当 m = Nothing 时,根据实例定义,

```
  Nothing >>= return
= Nothing              //(>>=)的定义
```

（2）当 u = Just v 时,根据定义,

```
  (Just v) >>= return
= return v             //(>>=)的定义
= Just v               //return的定义
```

因此,右单位元律成立。

对于结合律,同样可以分情况验证。

（1）当 m = Nothing 时,等式左边

```
  (Nothing >>= f) >>= g
= Nothing >>= g        //(>>=)的定义
= Nothing              //(>>=)的定义
```

等式右边

```
    Nothing >>= (\x -> f x >>= g)
= Nothing                        //(>>=)的定义
```

（2）当 u = Just v 时，根据定义，等式左边

```
 ((Just v) >>= f) >>= g
= (f v) >>= g                    //(>>=)的定义
```

注意，Just v 的返回值是 v，因此绑扎 (Just v) >>= f 的结果是 f v。另一方面，等式右边

```
 (Just v) >>= (\x -> f x >>= g)
= (\x -> f x >>= g) v            //(>>=)的定义
= f v >>= g                      //函数应用
```

注意，这里 Just v 的返回值是 v，绑扎运算结果是将右边的函数应用于 v。因此，结合律成立。

9.4.4　单子解释器

本节给出使用单子的一个例子。定义包含除法的表达式类型：

```
data Exp = Con Int | Div Exp Exp | Add Exp Exp
                       deriving (Show, Eq)
```

那么表达式的计算结果可能因为 0 做除数而失败，为此，表达式解释器函数的结果需要用 Maybe 类型表示，函数定义也需要考虑多种失败情况对后续计算的影响或者传递：

```
eval :: Exp -> Maybe Int
eval (Con i) = Just i
eval (Div e1 e2) = case maybe_i1 of
    Nothing -> Nothing
    Just i1 -> case maybe_i2 of
      Nothing -> Nothing
      Just i2 -> if i2==0 then Nothing else Just (i1 `div` i2)
        where maybe_i1 = eval e1
              maybe_i2 = eval e2
eval (Add e1 e2) = case maybe_i1 of
    Nothing -> Nothing
    Just i1 -> case maybe_i2 of
        Nothing -> Nothing
        Just i2 -> Just (i1 + i2)
        where maybe_i1 = eval e1
              maybe_i2 = eval e2
```

上面定义中多次出现了"先做一个计算，然后根据该计算结果做下一个计算"的模式，这便是单子中的绑扎运算。因为 Maybe 是一个单子，因此可以使用单子的绑扎运算 >>= 表达这种计算的衔接：

```
m_eval :: Exp -> Maybe Int
m_eval (Con i) = return i
m_eval (Div e1 e2) = m_eval e1 >>= (\i1 ->
                          m_eval e2  >>= (\i2 ->
                            if i2 ==0 then Nothing
                                else return (i1 `div` i2)))
m_eval (Add e1 e2) = m_eval e1 >>= \i1 ->
                          m_eval e2  >>= \i2 ->
                              return (i1 + i2)
```

也可以使用 do 语法书写：

```
m_eval1 :: Exp -> Maybe Int
m_eval1 (Con i) = return i
m_eval1 (Div e1 e2) = do
           i1 <- m_eval1 e1
           i2 <- m_eval1 e2
           if i2 ==0 then Nothing
                   else return (i1 `div` i2)
m_eval1 (Add e1 e2) = do
      i1 <- m_eval1 e1
      i2 <- m_eval1 e2
      return (i1 + i2)
```

可见，使用单子的定义要简洁得多。

最后，运行单子解释器，显示计算结果：

```
run_m_eval :: Exp -> IO ()
run_m_eval e = do
   case m_eval e of
       Nothing -> putStrLn "something wrong!"
       Just i -> putStrLn $ show i
```

更多单子在函数程序中的应用见参考文献 [9]。

9.5　单子语法分析器

一个**语法分析器**（parser）将字符串转化为某种形式的抽象语法树，以表达字符串的结构化信息。例如，库函数 read 可以将字符串转换为给定类型的数据：

```
Prelude> read "12.3"::Float
12.3
Prelude> read "(12,True)"::(Int, Bool)
(12,True)
Prelude> read "[1,2,3]"::[Int]
[1,2,3]
```

本节将定义一个简单算术表达式类型（类似于 6.2.2 节定义的类型 Expr），并构建一个单子语法分析器，即将类似于第 6 章习题 5 的 show 函数输出的字符串转换为 Expr 类型的表示。例如，将"(1 + 2)" 解析为 Add (Con 1) (Con 2)。

9.5.1 算术表达式定义

假定只考虑包含自然数加法和乘法的表达式。为了便于函数的定义以及类型扩展，先定义一个运算类型，然后定义算术表达式类型：

```
data Ops = Add | Mul
data Expr = Con Int
          | Bin Ops Expr Expr
```

首先，定义 Expr 为 Show 的实例，将表达式显示成更习惯、更友好的形式。例如，将 Bin Add (Con 1) (Con 2) 显示为 (1 + 2)，而不是系统生成的显示为"Bin Add (Con 1) (Con 2)"。实例 show 函数如下定义：

```
instance Show Ops where
    show Add = "+"
    show Mul = "*"
instance Show Expr where
    show (Con n)    = show n
    show (Bin op a b)= "("++ show a ++ show op ++show b ++")"
```

我们设计的语法分析函数将能够把"12" 解析为类型 Expr 的元素 Con 12，将"(1+2)" 解析为 Bin Add (Con 1) (Con 2)。

9.5.2 语法分析器

语法分析器（或称解析器）的输入是字符串，输出是某种类型。语法分析是一个逐步消耗输入字符串的过程，而且分析结果可能有多种，因此，分析器的类型定义为

```
data Parser a = Parser {runParser :: String -> [(a, String)]}
```

其中，类型 (a, String) 表示一种解析结果：第一个分量是类型 a 的元素，第二个分量表示未消耗的剩余字符串。空列表表示解析失败。

这里使用了 Haskell 的记录类型定义，其中包含一个域，域名为 runParser，其类型为

```
*Parser> :t runParser
runParser :: Parser a -> String -> [(a, String)]
```

因此，解释器类型表示，对于任意一个类型 Parser a 的解析器，一个字符串解析的结果是一些类型 (a, String) 的二元组，其中第一个分量是解析结果，第二个分量是解析未消耗的字符串。

例如，我们将设计一个能够解析自然数的分析器：number :: Parser Int，将其应用于一个字符串将返回一个自然数以及剩余串：

```
*Parser> runParser number "12 +  34"
[(12," +  34")]
*Parser> runParser number "(12 +  34)"
[]
```

其中，对第一个输入成功解析出整数 12；对于第二个输入，解析失败，返回空列表。

这样定义的语法分析器是单子的实例。下面给出实例的定义，包括函子实例和应用实例的定义。

```
instance Functor Parser where
    --fmap :: (a->b) -> Parser a -> Parser b
    fmap f p = Parser (\s->[(f x, y)|(x,y) <- runParser p s])

instance Applicative Parser where
    pure x = Parser (\s -> [(x, s)])
    p <*> q = Parser(\s -> [ (f x,ys) |
                             (f, xs) <- runParser p s,
                             (x, ys) <- runParser q xs])

instance Monad Parser where
    return = pure
    p >>= f = Parser (\s -> [(y, ys) |
                             (x, xs) <- runParser p s,
                             (y, ys) <- runParser (f x) xs])
```

验证这些实例满足相应的定律留作习题。

9.5.3　基本语法分析器

首先给出各种基本语法分析器，然后在此基础上定义表达式的语法分析器。

最基本的语法分析器 getc 消耗一个字符，并返回该字符。如果输入为空，则解析失败。

```
getc :: Parser Char
getc= Parser (\s -> case s of
                      ([]) -> []
                      (x:xs) -> [(x,xs)])
```

例如，

```
*Parser> runParser getc "abc"
[('a',"bc")]
*Parser> runParser getc "12+3"
[('1',"2+3")]
*Parser> runParser getc " abc"
[(' ',"abc")]
```

许多时候需要解析一个满足特定性质的字符，为此定义一个高阶函数：

```
satisfy :: (Char -> Bool) -> Parser Char
satisfy p = do
      c <- getc
      if p c then return c else fail
```

注意，这里使用了 Parser 是单子的语法。例如，下面解析第一个数字字符：

```
*Parser> runParser (satisfy isDigit) "123"
[('1',"23")]
*Parser> runParser (satisfy isDigit) "(1+2)"
[]
```

这里 fail 是一个总是失败的解析器:

```
fail = Parser (\s -> [])
```

基于以上基本解析器, 还可以定义解析特定字符的解析器 char 和特定字符串的解析器 string。

```
char :: Char -> Parser ()
char c = do {x <- satisfy (==c); return ()}
string  :: String -> Parser ()
string [] = return ()
string (x:xs) = do {char x; string xs; return ()}
```

这里也使用了单子的 do 语法。注意, 如果解析成功, 解析器返回单位元 ()。例如, 解析表达式时需要解析括号和运算符号。

```
*Parser> runParser (string "(") "(1+2)"
[((),"1+2)")]
*Parser> runParser (string "(") " (1+2)"
[]
```

这里前者解析成功, 二元组的第一个分量是单位元 (); 后者解析失败, 返回空列表。因为一个表达式允许在括号周围或者运算符周围有空格, 因此, 在解析这些符号时需要先忽略空白。为此, 定义一个消耗空白的解析器 space:

```
space :: Parser ()
space = many (satisfy isSpace) >> return ()
```

以上定义中使用了可以执行一个解析器多次的函数 many, 先消耗多个空白, 直至没有空白, 然后使用单子的绑扎运算 >>, 忽略运算符左边计算结果, 返回单位元。

许多情况下需要连续运行一个解析器多次。为此定义函数 many:

```
many :: Parser a -> Parser [a]
many p = do {x <- p; xs <- many p; return (x:xs)} <|> none
none = return []
```

函数 many 允许解析器执行 0 次。另外定义运行一个解析器至少一次的函数 some:

```
some :: Parser a -> Parser [a]
some p = (:) <$> p <*> many p
```

在需要解析表达式中的括号或者运算符号时，可以使用下面忽略空格的解析器 symbol。

```
symbol :: String -> Parser ()
symbol xs = space >> string xs
```

接下来可以定义解析一个最简单表达式自然数的解析器 number。

```
natural :: Parser Int
natural = do { ds <- some (satisfy isDigit);
               return (read ds ::Int)}
number = do {space; n <- natural; return (Con n)}
```

例如，

```
*Parser> runParser number " 12 "
[(12," ")]
*Parser> runParser (symbol "(" >> number) "(1+2)"
[(1,"+2)")]
```

前者忽略空格，成功读取自然数 12；后者先读取左括号，然后成功读取自然数 1。

在解析一个字符串时，常常需要尝试多种解析方法。例如，一个算术表达式可能是一个简单的自然数，如 12；也可能是用括号括起来的表达式，如（1+2）。表达式中的运算符可能是 +，也可能是 *。为此，需要定义尝试两个解析器的选择运算 <|>，如果第一个不成功，则尝试用第二个解析。

```
(<|>) :: Parser a -> Parser a -> Parser a
p <|> q = Parser f
    where f s = let  ps = runParser p s in
                if null ps then runParser q s else ps
```

例如，下面解析器尝试两种解析器，成功解析运算符。

```
*Parser> runParser (symbol "+" <|> symbol "*" ) "+ "
[((),"  ")]
*Parser> runParser (symbol "+" <|> symbol "*" ) "* "
[(()," ")]
```

一个表达式可能有两种形式：一种是简单的自然数；另一种是两个表达式的相加或者相乘。为此定义解析这种较复杂表达式的解析器 binaryParser，首先读取一个表达式，接着读取运算符，然后再读取一个表达式，最后返回该表达式：

```
binaryParser = do
        e1 <- exprParser
        p <- opParser
        e2 <- exprParser
        return (Bin p e1 e2)
```

这里 exprParser 是一般表达式的解析器，两个函数相互递归：

```
exprParser :: Parser Expr
exprParser = token (number <|> paren binaryParser)
```

对于一个解析器 p，token p 在使用解析器 p 之前先忽略括号，paren p 则先读取一个左括号，然后使用 p 解析，之后读取右括号。

```
token :: Parser a -> Parser a
token p = space >> p
paren :: Parser a -> Parser a
paren p = do {symbol "("; e <- p; symbol ")"; return e}
```

现在可以使用解析器 exprParser 读取任何字符串，如果字符串符合语法，则返回相应的抽象语法树表示。例如，

```
*Parser> runParser exprParser " 12"
[(12,"")]
*Parser> runParser exprParser " ((1+2)*(3+4))"
[(((1+2)*(3+4)),"")]
```

注意，runParser exprParser " 12" 的类型是 [(Expr, String)]，这里在解析器中看到的 12 是其语法树 Con 12 用 show 函数显示的结果。

9.5.4 算术表达式计算器

基于表达式解析器 exprParser，可以定义一个简单的算术表达式解释器。

因为解析器可能成功返回表达式的树形表示 Expr，也可能失败。通常用类型 Either a b 表示可能出现类型 a 的错误，也可能返回类型 b 的正确结果（见本章习题 2）。下面函数返回一个字符串的解析结果。

```
getExpr :: String -> Either String Expr
getExpr s = if null ps then Left "Error"
                       else  Right $ fst (head ps)
            where ps = runParser exprParser s
```

在此基础上，定义一个交互式计算器：用户输入一个合法表达式，调用解析器取得抽象语法树表示，然后用解析器 eval 计算结果。

```
compute ::  IO ()
compute = do
        putStr "Input an expression:"
        s <- getLine
        putStr "Answer:"
        case getExpr s of
            (Left e) -> print e
            (Right e) -> print $ eval e
eval :: Expr -> Int
eval (Con n)  = n
```

```
eval (Bin Add x y) = (eval x) + (eval y)
eval (Bin Mul x y) = (eval x) * (eval y)
```

这里 eval :: Expr -> Int 是表达式解释器。例如，

```
*Parser> compute
Input an expression:((1+2)*(3+4))
Answer:21
*Parser> compute
Input an expression: 12
Answer:12
*Parser> compute
Input an expression:(2+)
Answer:"Error"
```

分析器 exprParser 只能识别 show 函数输出格式的表达式。如何编写识别可以省略括号的表达式留作练习。

更多有关单子解析器的资料请参看参考文献 [3] 和 [10]。

9.6　习题

1. 验证 Functor 的实例 [] 满足函子定律。

2. 类型 Either a b 是函子的实例，其定义如下：

```
data Either a b = Left a | Right b
```

这种类型常用于表达一个可能正确也可能错误的值。习惯上构造函数 Left 用于表示错误值，Right 用于表示正确值。试给出 Either a 是 Functor 实例的定义，并验证函子定律成立。

3. 验证 Monad 的实例 Maybe 满足单子定律。

4. 验证 Monad 的实例 [] 满足单子定律。

5. 验证 Parser 满足 Functor、Applicative 和 Monad 定律。

6. 9.5 节的解析器 number 只能解析自然数。编写读取一个整数的解析器：

```
integer :: Parser Int
```

使其能够识别任意整数，例如，

```
*Parser> runParser integer " 12 "
[(12,"")]
*Parser> runParser integer " -12"
[(-12,"")]
*Parser> runParser integer "- 12"
[]
```

7. 编写一个交互程序: 随机生成一个算术表达式, 将表达式显示在屏幕上, 然后请用户输入表达式结果, 并显示用户答案是否正确。提示: 可以编写如下类型的随机生成表达式函数。

```
gen :: Int ->  IO Expr
```

第一个输入可以解释成表达式的规模, 如运算符个数。

8. 扩展 Expr 的类型, 使其包含减法和除法, 并编写相应的语法分析器。

9. 编写算术表达式 Expr 的语法分析器, 使其能够分析省略括号的表达式。例如, 最外层括号可以省略, 基于优先级可以省略不必要的括号。

GHC的安装

GHC 的安装指引可参考官网 https://www.haskell.org/downloads/。下面简述在各种系统下的安装方法。

A.1　使用 GHCup 工具安装

GHCup 是 Haskell 语言的安装工具。

1. Windows 系统

（1）用非管理员用户方式启动 PowerShell（可搜索 powershell 命令）。

（2）访问 GHCup 主页 https://www.haskell.org/ghcup/，将安装命令复制、粘贴到 PowerShell 上执行，按 Enter 键接受默认方式。

如需卸载，双击桌面上的 PowerShell 脚本 Unintall Haskell.ps1。

2. Linux 和 Mac OS 系统

用非根（非管理员）用户运行下列命令：

```
curl --proto '=https' --tlsv1.2 -sSf https://get-ghcup.haskell.org |
sh
```

在 Linux 上要卸载 GHC，运行命令 ghcup nuke，然后确保 ghcup 在 /.bashrc 中添加的行被删除。

A.2　其他安装方法

1. 使用包管理器安装

Windows 系统用工具 Chocolatey 进行安装。

（1）配置 Chocolatey。参见 https://chocolatey.org/install。

（2）在命令行顺序执行下列命令：

```
choco install haskell-dev haskell-stack
refreshenv.
```

Linux 系统的安装方法详见 https://www.haskell.org/platform/#linux。

2. 手动安装

按照下载链接 https://www.haskell.org/ghc/download.html 下载需要的版本。例如，选择版本 9.2.1，选择自己使用的系统，如 Windows(X86_64)，下载二进制包，解压，然后将解压后的可执行文件路径添加到环境变量 path 上。

部分Prelude函数

```
fst            :: (a,b) -> a
fst (x,_)      = x


snd            :: (a,b) -> b
snd (_,y)      = y


curry          :: ((a,b) -> c) -> (a -> b -> c)
curry f x y    = f (x,y)


uncurry        :: (a -> b -> c) -> ((a,b) -> c)
uncurry f p    = f (fst p) (snd p)


id             :: a -> a
id   x         = x


const          :: a -> b -> a
const k _      = k


(.)            :: (b -> c) -> (a -> b) -> (a -> c)
(f . g) x = f (g x)


flip           :: (a -> b -> c) -> b -> a -> c
flip f x y     = f y x


($)            :: (a -> b) -> a -> b
f $ x          = f x


until          :: (a -> Bool) -> (a -> a) -> a -> a
until p f x = if p x then x else until p f (f x)


error          :: String -> a
```

```
error s         = throw (ErrorCall s)

undefined     :: a
undefined     = error "Prelude.undefined"


-- 部分列表函数

head          :: [a] -> a
head (x:_)    = x

last          :: [a] -> a
last [x]      = x
last (_:xs) = last xs

tail          :: [a] -> [a]
tail (_:xs)   = xs

init          :: [a] -> [a]
init [x]      = []
init (x:xs) = x : init xs

null          :: [a] -> Bool
null []       = True
null (_:_)    = False

(++)          :: [a] -> [a] -> [a]
[]    ++ ys   = ys
(x:xs) ++ ys  = x : (xs ++ ys)

map           :: (a -> b) -> [a] -> [b]
map f xs      = [ f x | x <- xs ]

filter        :: (a -> Bool) -> [a] -> [a]
filter p xs   = [ x | x <- xs, p x ]

concat        :: [[a]] -> [a]
concat        = foldr (++) []

length        :: [a] -> Int
length        = foldl' (\n _ ->n + 1) 0
```

```
(!!)              :: [a] -> Int -> a
(x:_)  !! 0       = x
(_:xs) !! n | n>0 = xs !! (n-1)
(_:_)  !! _       = error "Prelude.!!:negative index"
[]     !! _       = error "Prelude.!!: index too large"

foldl             :: (a -> b -> a) -> a -> [b] -> a
foldl f z [] = z
foldl f z (x:xs) = foldl f (f z x) xs


scanl             :: (a -> b -> a) -> a -> [b] -> [a]
scanl f q xs = q : (case xs of
          []   -> []
          x:xs -> scanl f (f q x) xs)

scanl1            :: (a -> a -> a) -> [a] -> [a]
scanl1 _ [] = []
scanl1 f (x:xs) = scanl f x xs


foldr             :: (a -> b -> b) -> b -> [a] -> b
foldr f z [] = z
foldr f z (x:xs) = f x (foldr f z xs)


scanr             :: (a -> b -> b) -> b -> [a] -> [b]
scanr f q0 [] = [q0]
scanr f q0 (x:xs) = f x q : qs
        where qs@(q:_) = scanr f q0 xs


iterate           :: (a -> a) -> a -> [a]
iterate f x       = x : iterate f (f x)


repeat            :: a -> [a]
repeat x          = xs
                where xs = x:xs


replicate         :: Int -> a -> [a]
replicate n x     = take n (repeat x)


take              :: Int -> [a] -> [a]
take n _ | n <= 0 = []
take _ []         = []
take n (x:xs)     = x : take (n-1) xs
```

```
drop                :: Int -> [a] -> [a]
drop n xs | n <= 0 = xs
drop _ []           = []
drop n (_:xs)       = drop (n-1) xs

splitAt             :: Int -> [a] -> ([a], [a])
splitAt n xs | n<= 0 = ([],xs)
splitAt _ []         = ([],[])
splitAt n (x:xs) = (x:xs',xs'')
                where (xs',xs'') = splitAt (n-1) xs

takeWhile           :: (a -> Bool) -> [a] -> [a]
takeWhile p [] = []
takeWhile p (x:xs)
    | p x       = x : takeWhile p xs
    | otherwise = []

dropWhile           :: (a -> Bool) -> [a] -> [a]
dropWhile p [] = []
dropWhile p xs@(x:xs')
    | p x       = dropWhile p xs'
    | otherwise = xs

reverse  :: [a] -> [a]
reverse  = foldl (flip (:)) []

and, or  :: [Bool] -> Bool
and       = foldr (&&) True
or        = foldr (||) False

any, all :: (a -> Bool) -> [a] -> Bool
any p     = or  . map p
all p     = and . map p

elem, notElem  :: Eq a => a -> [a] -> Bool
elem            = any . (==)
notElem         = all . (/=)

lookup          :: Eq a => a -> [(a,b)] -> Maybe b
lookup k [] = Nothing
lookup k ((x,y):xys)
```

```
    | k==x      = Just y
    | otherwise = lookup k xys

sum, product    :: Num a => [a] -> a
sum             = foldl' (+) 0
product         = foldl' (*) 1


concatMap       :: (a -> [b]) -> [a] -> [b]
concatMap f     = concat . map f


zip             :: [a] -> [b] -> [(a,b)]
zip             = zipWith (\a b -> (a,b))


zipWith                :: (a->b->c) -> [a]->[b]->[c]
zipWith z (a:as) (b:bs) = z a b : zipWith z as bs
zipWith _ _       _     = []


unzip                  :: [(a,b)] -> ([a],[b])
unzip = foldr (\(a,b) ~(as,bs) -> (a:as, b:bs)) ([], [])
```

REFERENCE

参考文献

[1] Haskell. https://www.haskell.org/.

[2] SIMON T. Haskell 函数式程序设计基础 [M]. 乔海燕，张迎周，译. 北京：科学出版社，2015.

[3] RICHARD B. Haskell 函数式程序设计 [M]. 乔海燕，译. 北京：机械工业出版社，2016.

[4] MIRAN L. Haskell 趣学指南 [M]. http://learnyouahaskell.com/，李亚舟，宋方睿，译. 北京：人民邮电出版社，2014.

[5] 张淞. Haskell 函数式编程入门 [M]. 北京：人民邮电出版社，2014.

[6] PAUL H, JOHN P, JOSEPH H F. A Gentle Introduction to Haskell[M]. https://www.haskell.org/tutorial/.

[7] BRYAN O'Sullivan, DON S, JOHN G. Real World Haskell[M]. http://book.realworldhaskell.org/. O'Reilly Media.

[8] JOHN H. Why Functional Programming Matters[J]. The Computer Journal, 1989, 32(2), 98–107.

[9] PHILIP W. Monads for Functional Programming. http://homepages.inf.ed.ac.uk/wadler/topics/monads.html#marktoberdorf.

[10] GRAHAM H, ERIK M. Monadic Parsing in Haskell[J]. Journal of Functional Programming, 1998, 8(4), 437–444.

INDEX
索引